基于 VB.Net 的 SolidWorks 二次开发

史 彬 主 编

武汉理工大学出版社
·武 汉·

内 容 简 介

本书主要介绍了使用 Visual Basic.Net 进行 SolidWorks 二次开发的方法和技巧，全书共分为 8 章，第 1 章主要介绍 SolidWorks 二次开发的基础知识；第 2 章介绍了文档相关操作；第 3 章讲述了对象操作；第 4 章讲解了草图操作；第 5 章通过实例应用来探讨零件模型的自动创建以及更新模型；第 6 章讲解了使用函数对装配体进行访问和操作的方法；第 7 章讲解了工程图的创建和管理操作；第 8 章通过一个综合实例开发来引导读者掌握基于 VB.Net 的 SolidWorks 二次开发全过程。书中的代码和示例都有详细的注解，读者可以仔细阅读示例代码，体会 API 的使用方法和技术要点。

本书内容全面、由浅入深，非常适合对 SolidWorks 以及数据化设计制造感兴趣的人员阅读，也可以作为高等院校机械设计相关专业师生的学习参考书。

图书在版编目(CIP)数据

基于 VB.Net 的 SolidWorks 二次开发 / 史彬主编.—武汉：武汉理工大学出版社，2024.5

ISBN 978-7-5629-6914-3

Ⅰ.①基…　Ⅱ.①史…　Ⅲ.①计算机辅助设计-应用软件　Ⅳ.①TP391.72

中国国家版本馆 CIP 数据核字(2023)第 252096 号

项目负责人：王兆国　　**责任编辑**：马首鳌
责任校对：张明华　　**排版设计**：正风图文
出版发行：武汉理工大学出版社
地　　址：武汉市洪山区珞狮路 122 号
邮　　编：430070
网　　址：http://www.wutp.com.cn
经　　销：各地新华书店
印　　刷：武汉兴和彩色印务有限公司
开　　本：787mm×1092mm　1/16
印　　张：13
字　　数：305 千字
版　　次：2024 年 5 月第 1 版
印　　次：2024 年 5 月第 1 次印刷
定　　价：58.00 元

凡购本书，如有缺页、倒页、脱页等印装质量问题，请向出版社发行部调换。
本社购书热线：027-87384729　87391631　87165708(传真)

前　言

SolidWorks 是一款全球领先的计算机辅助设计软件，广泛应用于机械设计、工程分析和产品数据管理等领域。它以强大的功能、出色的性能和直观的操作界面赢得了用户的广泛赞誉。SolidWorks 提供了一整套工程设计解决方案，包括 3D 设计、仿真、电气设计、产品数据管理和技术文档等。无论是初学者还是经验丰富的专业人士，都可以利用 SolidWorks 高效、精确地完成设计工作。

随着设计需求的复杂性和多样性的增加，用户对于自动化和定制化的需求也日益增强。与 SolidWorks 相结合的二次开发技术成为了用户提升设计效率的选择之一。本书详细介绍了利用 Visual Basic.Net(简称 VB.Net)对 SolidWorks 进行二次开发的流程与方法，通过在 VB.Net 中调用 SolidWorks API 直接操作 SolidWorks 的各种功能，实现 SolidWorks 的二次开发。

本书共分为 8 章。第 1 章主要介绍 SolidWorks 二次开发基础知识，包括宏录制器的使用、SolidWorks API 概述、API 帮助文档、SolidWorks API SDK 等。帮助读者掌握 SolidWorks 二次开发的基本概念和工具，了解基本的 SolidWorks 二次开发的框架和流程，为后面的学习打下基础。

第 2 章详细介绍了针对文档的操作，包括文档的创建、打开、保存、关闭、复制、遍历、查找参考文件以及文档的自定义属性等，使读者能够熟练地使用 SolidWorks API 文件调用函数，掌握文件相关操作。

第 3 章在前两章的基础上深入研究对象操作，详细讲述选择管理器的访问及使用、对象的添加与选择，以及对象特征获取、更改等操作，让读者能够灵活地操作和管理设计对象，提高设计效率和质量。

第 4 章专注于草图操作，草图绘制是复杂的三维设计的基础。通过实体的拉伸旋转等命令可以创建各种零件，因此草图操作的二次开发将极大提升工作效率。在本章中将要学习的内容包括创建草图、更改草图基准面、获得草图中的点以及草图实体的偏移。

第 5 章通过实例应用来探讨零件模型的自动创建过程和利用系列零件表更新模型，以及利用配置功能来开发和管理不同尺寸、参数的模型，为接下来的装配体的创建和管理打下基础。

第 6 章以装配体实体对应的 AssemblyDoc 为对象，利用函数对装配体进行访问和操作，其相关内容包括添加零部件、添加配合、遍历配合关系、零部件的装配、子零部件的替换、更改子零部件状态以及获取零部件等。由此我们已经学会了装配体的相关操作，接下来就是熟练地掌握并运用在更加复杂的装配体项目中。

第 7 章介绍了创建工程图、添加注释、遍历工程视图、工程图的另存、插入材料明细表以及获取 BOM 表中的数据，使读者能够熟练掌握工程图的创建和管理。

第 8 章通过管壳式换热器参数化设计系统综合实例开发来进行实操，完成我们的基于 VB.Net 的 SolidWorks 二次开发学习。

对于刚接触 SolidWorks 二次开发的新手，建议认真对第 1 章内容进行学习和拓展，建立起 API 开发的框架。快速入门之后，可跟随书中的内容完成开发平台和项目的建立，同步进行操练，加深对 API 对象的使用的理解，并通过最后一章的综合实例系统，深入地理解 SolidWorks 二次开发的流程和技巧。书中的代码和示例都有详细的注解，读者可以仔细阅读示例代码，体会 API 的使用方法和技术要点。

希望本书能够帮助读者更好地理解和掌握 SolidWorks 的二次开发，从而提高工作效率，实现更多的自动化操作，祝您学习愉快！

编者

2023 年 5 月

本书案例资源包

目　录

第 1 章　SolidWorks 二次开发基础

学习目标

(1) 了解二次开发的文件类型和数据类型。
(2) 理解什么是宏，宏能做什么？能够利用录制的宏程序提高设计能力。
(3) 理解 SolidWorks API 对象模型之间的关系。
(4) 掌握 API 帮助文档的使用。
(5) 理解应用程序对象 SldWorks 和 ModelDoc2 对象。
(6) 掌握 Visual Basic.NET(VB.NET)创建 Add-In 插件和 EXE 程序。

1.1　二次开发基础知识

1.1.1　文件类型

在 SolidWorks 2017 中，创建的宏文件类型为：SW VBA MACROS(*.swp)

在 Visual Basic.NET 中，下列文件可能是必须的：

(1) 解决方案文件(*.sln)。
(2) 源代码文件(*.vb)。
(3) .NET 装配体/动态链接库(*.dll)。

1.1.2　变量及数据类型

变量用于在应用程序运行期间保存一个临时值。变量由两部分组成：名称和数据类型。从本质上讲，变量就是内存中用于保存未知值的一个地方。

使用 Dim 语句声明一个变量时，变量命名格式为：Dim variablename [as data type]。其中的可选子句为"as data type"，允许开发人员为其定义不同的数据类型或对象类型。在声明时定义类型是一个良好的编程习惯，这样系统将在运行前为变量分配需要的内存空间，而不是等到运行时动态地确定需要的内存空间。如果在运行时确定内存空间，可能会分配比实际需要大的内存空间。

Visual Basic 支持以下的标准数据类型：

(1) **String**：保存字符串。在变量名后使用 $，可以确保该变量是此种类型。
(2) **Integer**：保存－32768～＋32767 之间的数值。在变量名后使用%，可以确保该变量是此种类型。

(3) **Long** 长整型：保存－2147483648～＋2147483647 之间的数值。在变量名后使用“&”，可以确保该变量是此种类型。

(4) **Single Precision** 单精度：保存带小数点的数值，精确到小数点后 7 位。在变量名后使用“!”，可以确保该变量是此种类型。

(5) **Double Precision** 双精度：保存带小数点的数值，精确到小数点后 16 位。在变量名后使用“#”，可以确保该变量是此种类型。

(6) **Decimal**：支持 29 位的数值，最大可以表示到 7.9228×10^{28}。该种数据类型特别适合用于需要数值很大，但不允许取整误差的计算。

(7) **Data**：保存从 1000 年 1 月 1 日到 9999 年 12 月 31 日的时间，使用符号“# #”包围变量，可以确保该变量是此种类型。

(8) **Byte**：保存 0～255 之间的整型值。

(9) **Boolean**：保存逻辑值 True 或 False。

(10) **Variant**：保存所有数据类型的值。

(11) **Object**：保存一个 32bit 的地址，指向一个对象。

(12) **Dim** 语句：声明一个变量保存指定类型的值。

```
Dim swApp As Object
Dim swApp As SldWorks.SldWorks
Dim filename As String
```

当引用了 SolidWorks 2017 类型库之后，会有更多可用的数据类型。

1.2 宏录制器的使用

SolidWorks 宏可以记录 SolidWorks 用户接口执行的各种操作，并且可以重放这个过程。一个宏包含对应用程序接口(API)的调用，这和使用用户接口进行操作是等效的。宏可以记录鼠标点击、菜单选择和键盘按键等各种操作。

1.2.1 宏工具栏

宏工具栏包含了宏的录制、新建、编辑等命令，如图 1-1 所示。可以通过单击菜单栏中的“工具”/“宏”来新建、编辑和录制宏等操作。

图 1-1 宏工具栏

默认情况下，宏工具栏是处于关闭状态的，要创建和使用自己的宏，最好将宏工具栏显示在 SolidWorks 窗口的顶层，可以通过单击菜单栏中的“视图”/“工具栏”/“宏”来实现，如图 1-2 所示。

(1) “运行” ▶ ：通过运行宏对话框，用户可以选择要执行的宏。

(2) “停止” ■ ：调用另存为对话框，提示用户为宏输入合法的名字和扩展名。如果

图 1-2　宏工具栏显示在窗口顶层

取消保存，会出现一个提示，允许用户继续或者取消宏录制。

(3)“录制/暂停” ：允许用户开始或暂停宏录制。

(4)“新建” ：此命令进行 3 项操作：首先，调用新建宏对话框，用户为宏输入合法的名字；然后，宏文件自动生成连接 SolidWorks 的程序代码；最后，VBA 编辑器打开宏文件，用户可以开始编写代码。

(5)“编辑” ：调用编辑对话框，通过该对话框选择要查看或者要修改的宏文件。

1.2.2　宏录制的操作步骤

步骤 1　启动 SolidWorks 并且创建一个新的零件。

创建一个新的零件，用 mm 作为默认度量单位。

步骤 2　查看宏工具栏。

选择“视图”/“工具栏”/“宏”菜单命令来将宏工具栏固定在 SolidWorks 窗口的顶层。

步骤 3　启动宏命令。

单击“录制/暂停” 。

步骤 4　选择前视基准面。

选择前视基准面，如图 1-3 所示。

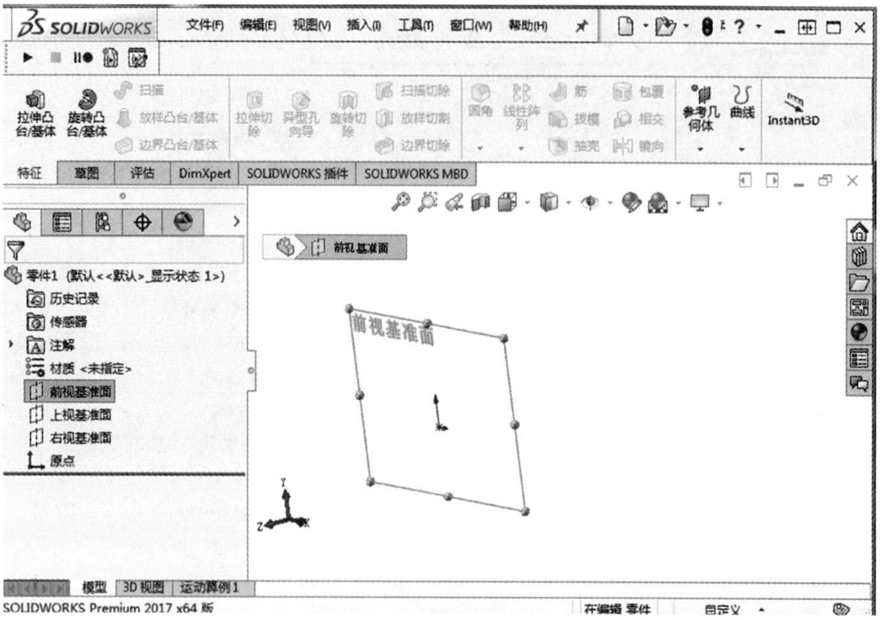

图 1-3　选择前视基准面

步骤 5　创建草图。

单击“草图”，创建圆，然后在属性管理器中输入精确值 10mm，绘制半径为 10mm 的圆，如图 1-4 所示。

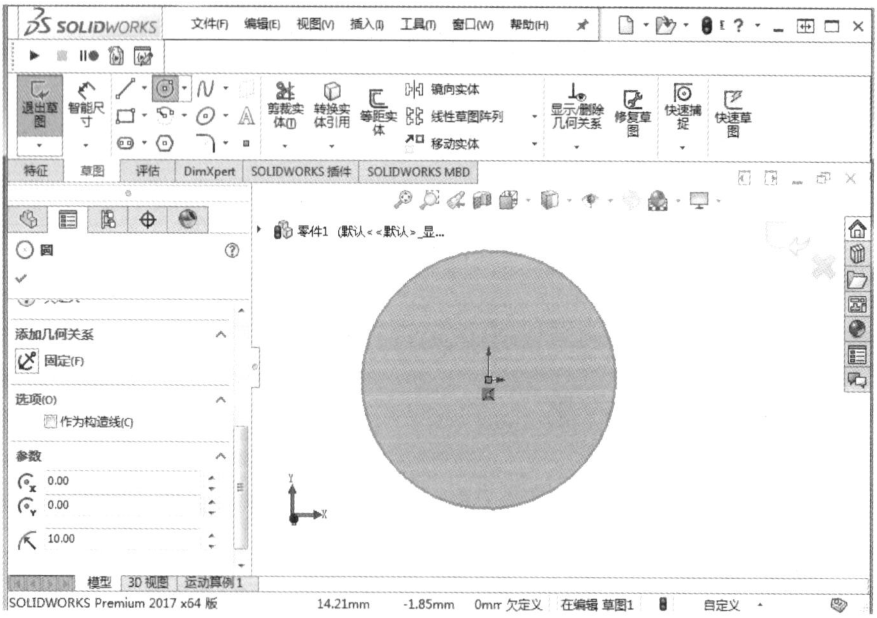

图 1-4　创建圆

步骤 6　拉伸凸台基体。

单击“拉伸凸台基体”，在属性管理器中输入拉伸距离 5mm，单击确定，如图 1-5 所示。

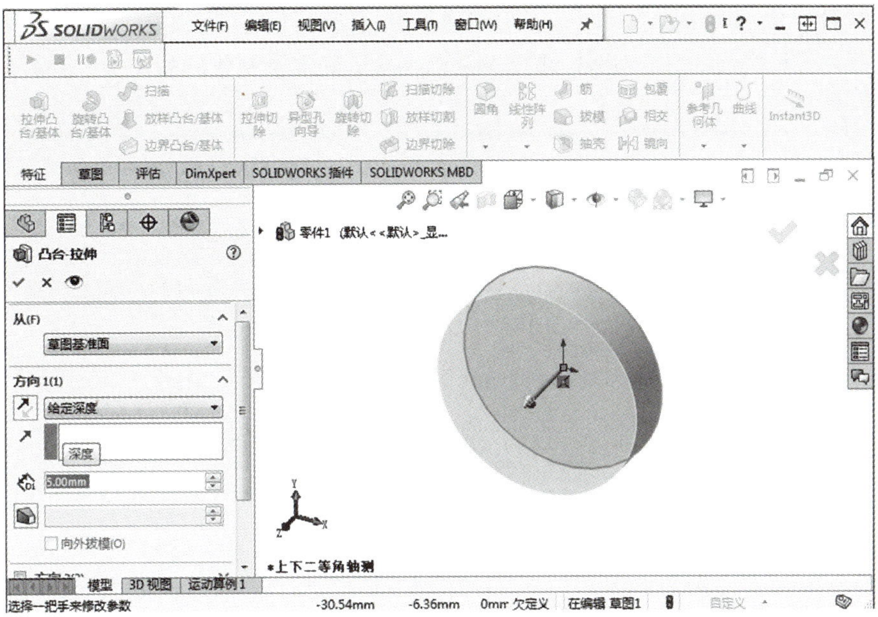

图 1-5　拉伸基体

步骤 7　停止宏录制。

单击“停止”，停止宏的录制。

步骤 8　保存宏。

保存宏为“Macro1.swp”。

步骤 9　测试宏文件。

选择 Macro1.swp 文件，单击“运行”▶，结果如图 1-6 所示。

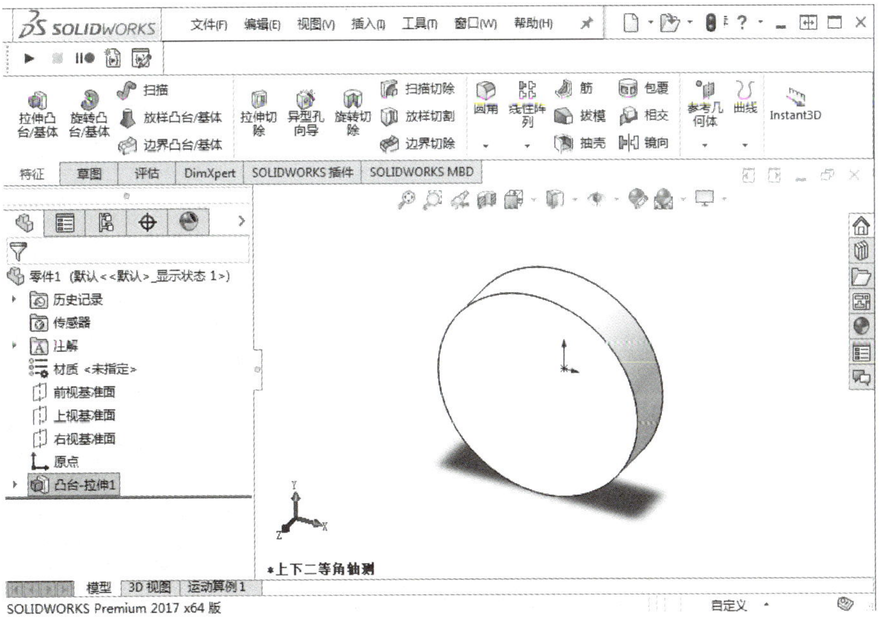

图 1-6　测试宏文件

步骤 10 进入 Visual Basic 应用程序编辑器，查看代码。

单击宏工具栏上的“编辑” 选择 Macro1.swp，其宏录制代码如图 1-7 所示。

```
' ******************************************************************************
' C:\Users\Administrator\AppData\Local\Temp\swx15356\Macro1.swb - macro
recorded on 12/29/18 by Administrator
' ******************************************************************************
Dim swApp As Object

Dim Part As Object
Dim boolstatus As Boolean
Dim longstatus As Long, longwarnings As Long

Sub main()

Set swApp = Application.SldWorks

Set Part = swApp.ActiveDoc
boolstatus = Part.Extension.SelectByID2("前视基准面", "PLANE", 0, 0, 0, False, 0,
Nothing, 0)
Part.SketchManager.InsertSketch True
Part.ClearSelection2 True
Dim skSegment As Object
Set skSegment = Part.SketchManager.CreateCircle(0#, 0#, 0#, 0.039784,
-0.044003, 0#)

' Named View
Part.ShowNamedView2 "*上下二等角轴测", 8
Part.ViewZoomtofit2
Dim myFeature As Object
Set myFeature = Part.FeatureManager.FeatureExtrusion2(True, False, False, 0, 0,
0.005, 0.01, False, False, False, False, 1.74532925199433E-02,
1.74532925199433E-02, False, False, False, False, True, True, True, 0, 0, False)
Part.SelectionManager.EnableContourSelection = False
End Sub
```

图 1-7 宏录制代码

1.2.3 宏录制的技巧

录制宏是获得基本函数的一个很好的起点，然而，并不是所有的 API 函数都可以被录制。录制宏时要注意以下几个方面：

（1）使用宏录制器作为从小的应用程序到创建大的应用程序的工具，每次录制几步。许多记录都可以放到一个程序中。

（2）在录制宏之前要规划好操作步骤。

（3）录制时尽量减少视图变换的次数。所有的视图变换都会添加到录制的宏中，如果有必要，可以选择多次录制而不是一次录制。

（4）如果需要在录制时变换视图，可在录制结束后，删除多余的视图变换的代码。

1.2.4　宏代码的含义

要理解宏代码是怎样工作的，必须理解宏代码的含义和作用，第 1.2.2 节中录制的宏代码的含义和作用如表 1-1 所示。

表 1-1　图 1-7 中宏代码程序

录制过程	代码
变量声明： 宏录制器自动声明一些变量	Dim swApp As Object Dim Part As Object Dim boolstatus As Boolean Dim longstatus As Long, longwarnings As Long
程序入口点： 函数开始的地方	Sub main()
SolidWorks 应用程序对象： 开始一个新的或者连接一个正在运行的 SolidWorks 进程	Set swApp=Application.SldWorks
SolidWorks 文档对象： 为了能够操作应用程序，顶层的文档对象必须是可访问的，并且要使文档为活动的	Set Part=swApp.ActiveDoc
SolidWorks API 的调用： 调用 API，使宏完成特定的任务。 (1) 选择前视基准面。 (2) 插入草图。 (3) 创建圆。 (4) 拉伸特征	boolstatus=Part.Extension.SelectByID2("前视基准面","PLANE",0,0,0,False,0,Nothing,0) Part.SketchManager.InsertSketch True Part.ClearSelection2 True Dim skSegment As Object Set skSegment=Part.SketchManager.CreateCircle(0#,0#,0#,0.039784,-0.044003,0#) Part.ShowNamedView2 "*上下二等角轴测",8 Part.ViewZoomtofit2 Dim myFeature As Object Set myFeature = Part. FeatureManager. FeatureExtrusion2 (True, False, False, 0, 0, 0. 005, 0. 01, False, False, False, False, 1. 74532925199433E - 02, 1.74532925199433E - 02, False, False, False, False, True, True, True, 0, 0, False) Part. SelectionManager. EnableContourSelection =False
程序结束	End Sub

1.2.5 向宏中添加窗体

通过在宏中添加用户窗体，可以为程序添加用户接口。插入用户窗体模块下有用户窗体、模块、类模块和过程4个选项，选择"插入用户窗体"/"用户窗体"，即可完成窗体的添加，如图1-8所示。VBA工具箱会和窗体一起显示。如果没有显示出来，选择"视图"/"工具箱"菜单命令即可。

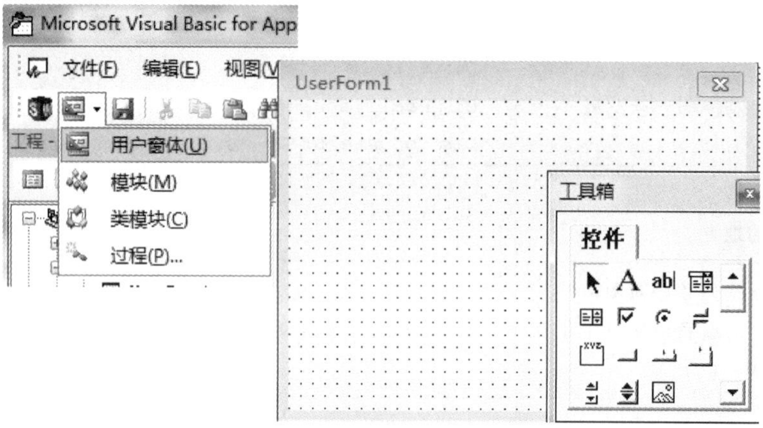

图1-8　向宏中添加用户窗体

步骤1　向宏中添加窗体。

在VBA中单击"插入"/"用户窗体"，完成窗体的添加。

步骤2　编辑用户窗体属性。

选中用户窗体会高亮显示，可以在用户窗体对象的属性窗口中输入以下属性值。按F4键快速调出属性窗口，也可以通过选择菜单中的"视图"/"属性"命令显示，如图1-9所示。

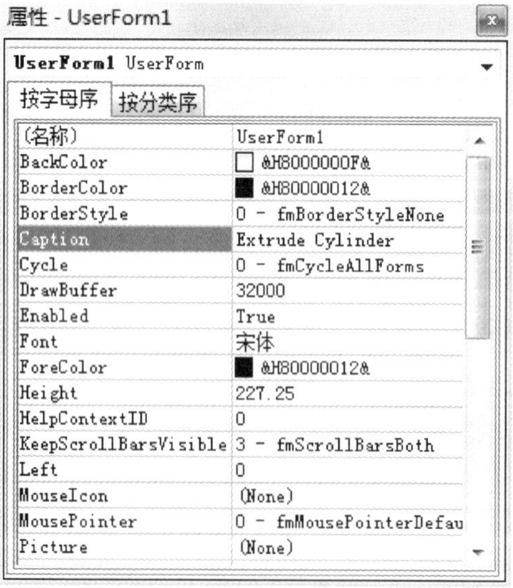

图1-9　编辑用户窗体属性

UserForm1：

Name：不用修改，仍用 UserForm1

Caption：Extrude Cylinders

步骤 3　向窗体中添加控件。

从工具箱中添加 1 个标签和 5 个命令按钮到窗体上，使用表 1-2 所示的内容作为每个控件的索引，效果如图 1-10 所示。

表 1-2　各控件的属性

控件名称	主要属性
Label	Name：Label1；Caption：拉伸
CommandButton1	Name：cmb5mm； Caption：5mm
CommandButton2	Name：cmb10mm；Caption：10mm
CommandButton3	Name：cmb30mm；Caption：30mm
CommandButton4	Name：cmb50mm；Caption：50mm

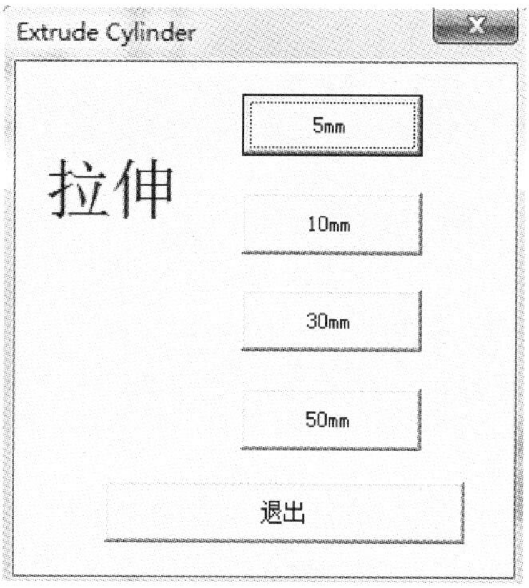

图 1-10　添加控件

步骤 4　为每个按钮添加单击事件。

双击窗体上的每个按钮就可以为响应的控件创建事件句柄。在宏运行时，当用户单击按钮时，添加到事件句柄中的代码就会执行。由于本实例中每次创建圆柱体零件的过程中，只是改变了拉伸的长度，所以将创建拉伸过程写为一个 Extrude_Cylinder 的公共过程，将拉伸长度作为变量，实现不同拉伸参数的驱动，这样不仅减少了代码的编写量，也增添了代码的可读性。

```
Private Sub cmb5mm_Click()
    Extrude_Cylinder(0.05)
End Sub

Private Sub Cmb10mm_Click()
    Extrude_Cylinder(0.1)
End Sub

Private Sub Cmb30mm_Click()
    Extrude_Cylinder(0.3)
End Sub

Private Sub Cmb50mm_Click()
    Extrude_Cylinder(0.5)
End Sub
```

```
'用来进行圆柱拉伸的公共过程(LaS_L指定的拉伸长度)
Private Sub Extrude_Cylinder (ByVal LaS_L As Double)
Dim swApp As Object
Dim Part As Object
Dim boolstatus As Boolean
'连接到 SolidWorks
Set swApp=Application.SldWorks
Set Part=swApp.ActiveDoc
'选择前视基准面
boolstatus = Part.Extension.SelectByID2 ("前视基准面","PLANE", 0, 0, 0,
False,0,Nothing,0)
'绘制草图
Part.SketchManager.InsertSketch True
'清除所有选择
Part.ClearSelection2 True
Dim skSegment As Object
Set skSegment=Part.SketchManager.CreateCircle(0#,0#,0#,0.1,0#,0#)
'调整视图
Part.ShowNamedView2 "* 上下二等角轴测",8
Part.ViewZoomtofit2
'拉伸特征
Dim myFeature As Object
Set myFeature=Part.FeatureManager.FeatureExtrusion2(True,False,False,
                                    0,0,LaS_L,0.01,_
                                    False, False, False,
                                    False,0.01,0.01,_
                                    False, False, False,
                                    False,True,True,_
                                    True,0,0,False)
Part.SelectionManager.EnableContourSelection=False
End Sub
```

步骤 5 为退出按钮编写代码。

```
Private Sub CmbExit_Click()
    End
End Sub
```

步骤 6 在模块中添加代码。

模块的程序入口需要显示用户窗体,这样用户窗体才会在 SolidWorks 中出现。输入下面的代码:

```
Sub main()
    UserForm1.Show
End Sub
```

步骤 7 保存并运行宏。

打开 SolidWorks，创建一个新的零件，从宏工具栏或者 VBA 编辑器运行宏。单击 4 个长度按钮，创建不同长度的圆柱体，如图 1-11 所示。

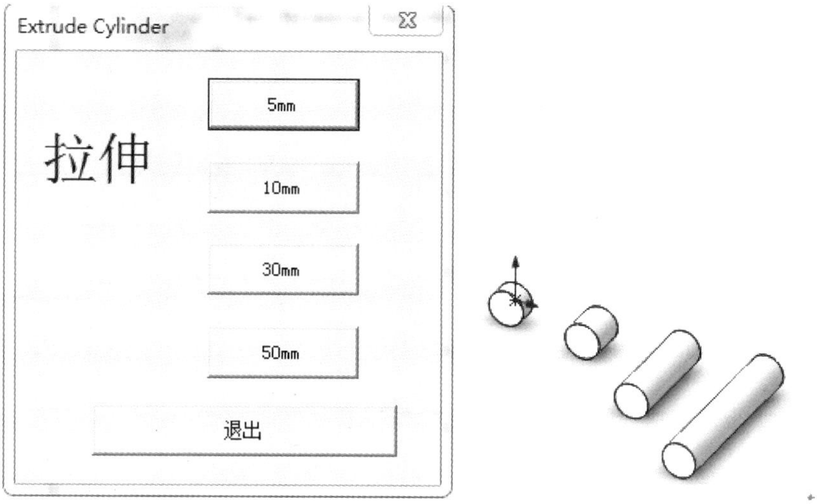

图 1-11 创建不同长度的圆柱体

步骤 8 退出宏。

单击退出按钮结束宏的运行，返回到 VBA。

1.3 SolidWorks API 概述

1.3.1 SolidWorks API

SolidWorks API 也称为 SolidWorks 应用程序开发接口，是指 SolidWorks 提供给开发人员使用的接口。SolidWorks API 为开发人员提供了 SolidWorks 软件的很多功能，如生成拉伸草图、拉伸等，开发人员可以通过提供的接口调用所需要的功能。

SolidWorks API 是由组成 SolidWorks 软件的 COM 组件提供的，每一个 SolidWorks 对象都是采用 COM 技术构造的，因此与 COM 对象具有同样的性质，都是由接口、属性、方法和事件组成。

以 PartDoc 对象为例，该对象是管理零件文档的对象，它提供的 SolidWorks API 接口为 IPartDoc。PartDoc 对象有 3 个开发人员可访问的属性：MaterialName、MaterialPropertyValues 和 MaterialUserName，分别对应 PartDoc 对象的材质 ID、材质值和材质

名称。PartDoc对象的方法有很多,比如FirstFeature()、GetMaterialProperty Name2(),访问这些对象的唯一途径就是通过接口 IPartDoc。每一个 SolidWorks API 都是由接口、属性、方法和事件这4个基本部分组成。

1.3.2 SolidWorks API 对象结构

SolidWorks API通过面向对象思想组织所有的接口对象,如图1-12所示是对 SolidWorks API对象模型的概要描述。SolidWorks API对象可以分为以下几个大类。

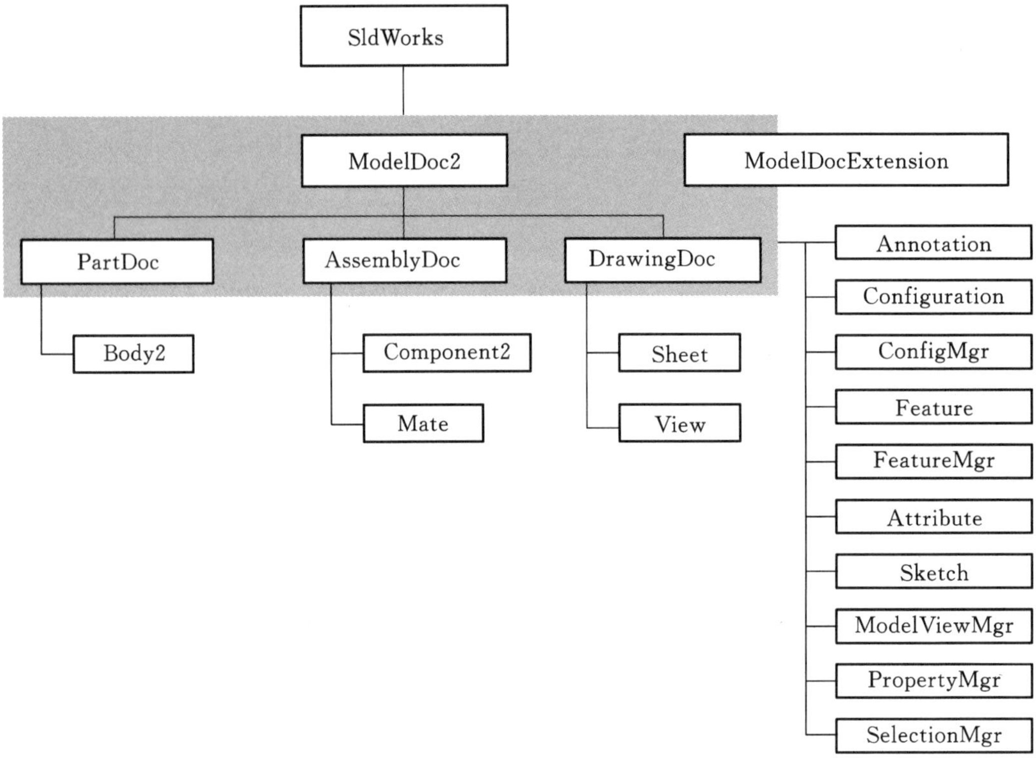

图1-12 SolidWorks API对象模型

1. 应用程序对象

应用程序对象包括 SldWorks,ModelDoc2,PartDoc,AssemblyDoc 及 DrawingDoc 对象。PartDoc、AssemblyDoc、DrawingDoc 分别对应 SolidWorks 应用程序的零件、装配体和工程图3种文件类型。其中每一种都有多个子对象。

SldWorks 即代表了 SolidWorks 应用程序。所以 SolidWorks 软件中的系统设置以及文档的打开、关闭、保存等操作都来自此对象的属性及方法。该对象是在 SolidWorks 二次开发中第一个需要获取的对象。

ModelDoc2 对象是 SldWorks 对象的子对象,同时也是所有文档模型对象的父对象,它封装了不同文档模型通用的属性和方法,包括文档的打开、关闭和保存等。另外,ModelDoc2 对象提供了直接访问 PartDoc 对象、AssemblyDoc 对象、DrawingDoc 对象的方法。

PartDoc 对象提供了零件文档模式下的操作，如创建实体、特征，特征的压缩与解压缩等。AssemblyDoc 提供了对象管理装配体的操作，如插入零部件、增添装配关系、压缩与解压缩零部件等。DrawingDoc 对象提供了管理工程图文档的操作，如创建、删除视图等。SelectionMgr 对象是选择管理对象，用于管理用户的选择操作，通过它可以获得指向当前用户在 SolidWorks 中选择的元素。

2. 配置文件对象

配置文件对象管理零件中不同模块与装配体中不同零件的状态。在零件文档模式下，可以将其中的复杂特征设置成压缩模式；在装配体文档模式下，可以将其中的一个或多个零件设置成压缩模式。

3. 事件对象

SolidWorks API 接口中提供了对事件的支持，当前支持的事件类型有 AssemblyDoc 事件、DrawingDoc 事件、FeatMgrView 事件、ModelView 事件、PartDoc 事件、SldWorks 事件及 SWPropertySheet 事件。

4. 注解事件

注解对象管理文档的注解，如在 SolidWorks 应用程序中给零件添加的文本注释由 Note 对象管理，如图 1-13 所示。

5. 模型对象

模型对象描述 SolidWorks 内部数据结构，在 SolidWorks 中，模型文件由点、线、面、体等元素组成，分别由 Body2、CoEdge、Face2 及 Vertext 等对象管理，如图 1-14 所示。

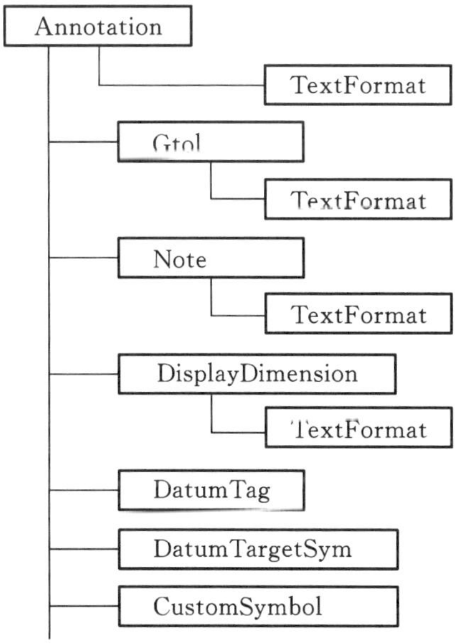

图 1-13　注解对象

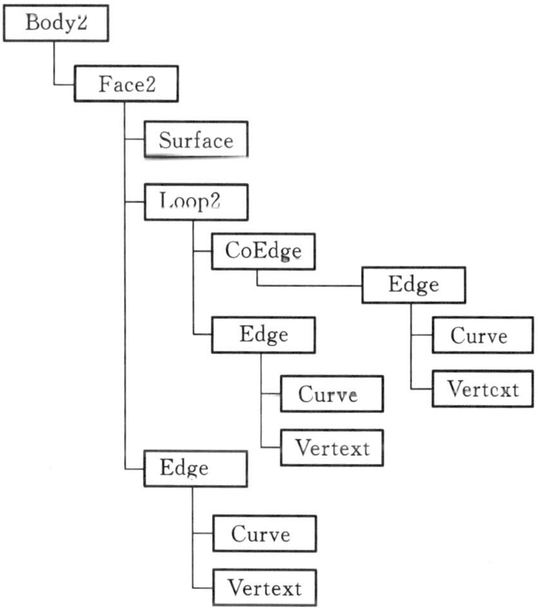

图 1-14　模型对象

6. 特征对象

特征对象描述 SolidWorks 应用程序提供的特征操作，这些特征对象与 SolidWorks 软件本身提供的特征操作相对应，如图 1-15 所示。

7. 草图对象

草图对象包括管理所有的草图元素，如圆弧、长方形、样条曲线等，如图 1-16 所示。草图都是由这些对象来表示的，通过这些对象可以获取和修改草图数据。

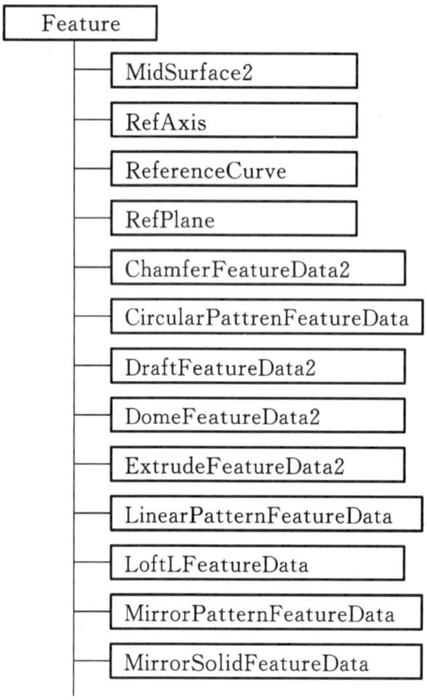

图 1-15　特征对象

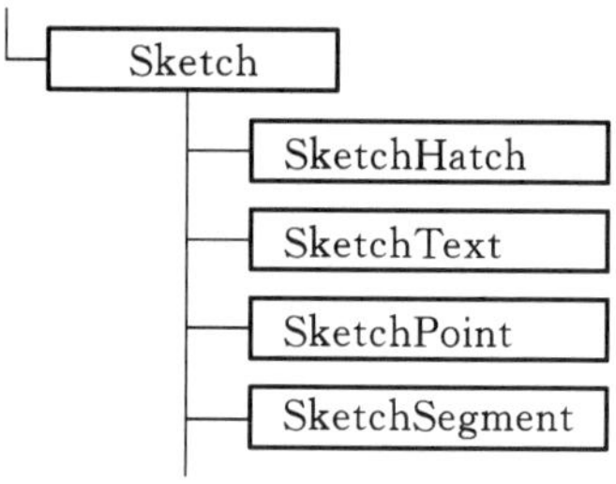

图 1-16　草图对象

1.3.3　应用程序对象 SldWorks

图 1-17 所示是 SolidWorks 软件的应用程序，也即 SldWorks 对象，如上文所述，该对象是在 SolidWorks 二次开发中第一个需要获取的对象。

1. 创建与获取 SldWorks 对象

通过 SolidWorks API 帮助文档可知，SldWorks 对象在命名空间 SolidWorks. Interop.sldworks Namespace ：ISldWorks Interface 之下，因此，使用该对象时需要先引用此命名空间。以 VB. Net 为例，需要在 VB. Net 文件的顶部添加引用 Imports SolidWorks.Interop.sldworks。此外，由于需要引用 SolidWorks 的枚举变量，所以还需要在 VB.Net 文件的顶部添加引用 Imports SolidWorks.Interop.swconst。

在添加这两个引用之前，需要先将这两个引用相应的 DLL 文件添加到程序的项目中。如果安装 SolidWorks 时没有更改默认的安装路径的话，这两个 DLL 文件的路径分

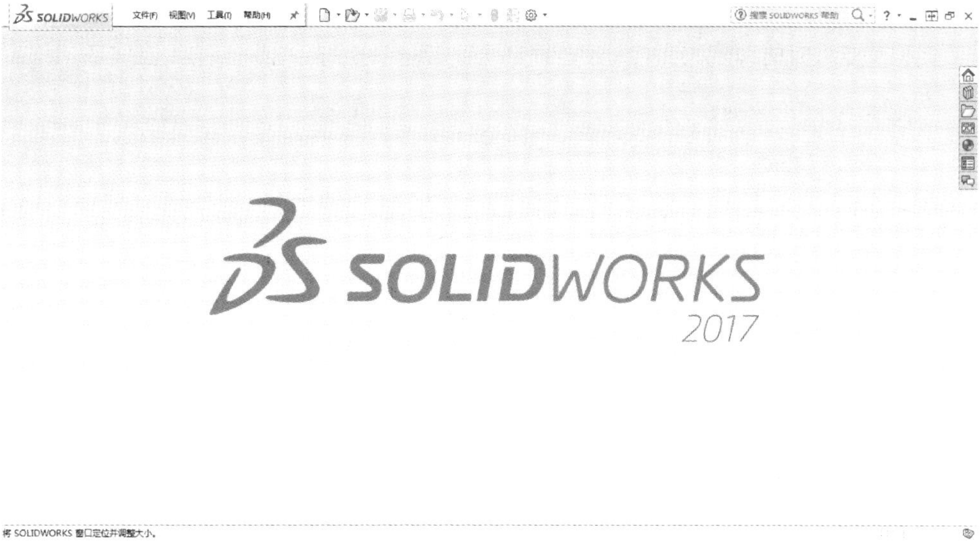

图 1-17　SldWorks 对象

别为 C:\Program Files\SolidWorks Corp\SolidWorks\SolidWorks.Interop.sldworks.dll 和 C:\Program Files\SolidWorks Corp\SolidWorks\SolidWorks.Interop.swconst.dll。可以通过如图 1-18 所示右键单击“项目名称”/“添加引用”进行添加，也可以通过 VB.NET 文件的菜单栏中的“项目”/“添加引用”进行添加。

图 1-18　添加引用

创建 SolidWorks 的应用，即平时打开 SolidWorks 软件应用的过程，相对来说比较简单。以 VB.Net 为例，使用如下的方式即可实现应用的创建。

```
Imports SolidWorks.Interop.sldworks          '引用接口对象所在的命名空间
Imports Solid Works.Interop.swconst
Imports System
Imports System.Diagnostics                   '引用进程对象所在的命名空间
Module Module1
    Sub main()
        Dim swApp As SldWorks                '定义应用实例
        swApp=New SldWorks                   '创建 SolidWorks 应用程序
        swApp.Visible=True                   '使应用窗体可见
    End Sub
End Module
```

2. 获取应用

当 SolidWorks 应用已经存在时，可以通过.Net 中的反射机制获得此时的应用对象 SldWorks。在使用 SolidWorks 过程中，建议用户使用一个应用程序，不要打开多个应用程序，防止模型错乱。所以在使用程序新建应用之前，建议先判断进程中是否存在 SolidWorks 进程，如果已经存在，则无须新建，可以直接获取 SolidWorks 应用程序对象 SldWorks。

获取 SldWorks 应用对象的代码如下：

```
Imports SolidWorks.Interop.sldworks
Imports SolidWorks.Interop.swconst
Imports System
Imports System.Diagnostics
Module Module1
    Sub main()
        Dim swApp As SldWorks     '定义应用实例
        Dim swModldeDoc As ModelDoc2
        Dim swType As Object
        swApp=Nothing
        Dim Boo_GetProcess As Boolean
        '使用自定义的 Get_Process 函数获得 SolidWorks 对象
        Boo_GetProcess=Get_Process("SLDWORKS.EXE")
       If Boo_GetProcess=False Then

           MsgBox("当前没有启动的 SolidWorks 应用程序")
        Else
        '通过指定的程序标识,获得与其关联的类型
           swType=System.Type.GetTypeFromProgID("SLDWORKS.Application")
```

```
            swApp=System.Activator.CreateInstance(swType)      '获得应用对象
            swModldeDoc=swApp.ActiveDoc     '获得当前应用中激活的文档对象
        End If
    End Sub
    Public FunctionGet_Process(ByVal exeName As String) As Boolean
        '判断 SolidWorks 进程是否存在,当 Get_Process 为 False 时,表示无进程,当
Get_Process 为 true 时,存在进程
        On Error GoTo Err
        Dim WMI
        Dim Obj
        Dim Objs
        Get_Process=False
        WMI=GetObject("WinMgmts:")
        Objs=WMI.InstancesOf("Win32_Process")
        '循环遍历名称为 exeName 的进程集合
        For Each Obj In Objs
            If (InStr(UCase(exeName),UCase(Obj.Description)) <>  0) Then
                Get_Process=True
                If Not Objs Is Nothing Then Objs=Nothing
                If Not WMI Is Nothing Then WMI=Nothing
                Return Get_Process
                Exit Function
            End If
        Next
        If Not Objs Is Nothing Then Objs=Nothing
        If Not WMI Is Nothing Then WMI=Nothing
        Return Get_Process
        Exit Function
Err:
        If Not Objs Is Nothing Then Objs=Nothing
        If Not WMI Is Nothing Then WMI=Nothing
        Return Get_Process
    End Function
End Module
```

1.3.4 ModelDoc2 对象

ModelDoc2 对象包含 3 种文档对象:Part、Assembly 和 Drawing。使用以下列出的 SldWorks 对象的任何一种方法都可以连接到 ModelDoc2 对象。

方法 1:

```
Dim swModel As ModelDoc2
```

```
        swModel= swApp.ActiveDoc
```

方法 2：

```
Dim swModel As ModelDoc2
swModel= swApp.NewDocument(TemplateName,PaperSize,Width,Height)
```

方法 3：

```
Dim swModel As ModelDoc2
swModel=swApp.OpenDoc6(FileName,Type,Options,Configuration,Errors,Warnings)
```

ModelDoc2 的方法与属性如表 1-3 所示。

表 1-3 ModelDoc2 的方法与属性

ModelDoc2 的方法与属性	.InsertFamilyTableNew
	.InsertNote
	.SeToolbarVisibility(Toolbar,Visible)
	.CreateCircle2(Xc,Yc,Zc,Xp,Yp,Zp)
	.EditRebuild3
	.FeatureManger
	.InsertFeatureShell(Thickness,Outward)

随着 SolidWorks 功能的增强，ModelDoc2 的方法已经增长到了容量的上限，因此产生了一个扩展对象 ModelDocExtension 作为接口提供新的方法。要查看有关 ModelDoc2 和 ModelDocExtension 接口的所有方法和属性，请参考 API 帮助文档。

1.4 API 帮助文档

1.4.1 API 帮助文档

SolidWorks 为开发者提供了一系列的 API 帮助文档，API 帮助文档可以方便用户二次开发时查阅和正确理解相关 API 的使用方法与相关注意事项。

SolidWorks API 主要有两种访问方式，一种是通过 SolidWorks 应用程序访问网页版的形式，如图 1-19 所示，单击 SolidWorks 菜单中的“帮助”，找到“API 帮助”选项，就可以打开网页版的 API 帮助文档。

另一种形式是本地的帮助文档。以 SolidWorks 2017 为例，其地址为 C:\Program Files\SolidWorks Corp\SolidWorks\api\apihelp.chm，直接双击打开 apihelp.chm 文档即可。

笔者推荐使用本地 chm 文档，该种方式不会受到网络速度的限制。

图 1-19　网页版 API 帮助文档

1.4.2　API 帮助文档架构

图 1-20 所示为本地 API 帮助文档的首页，左侧可以看到所有的与 SolidWorks 有关的文档，本书以 SolidWorks 二次开发为主，因此仅需要查看"SolidWorks API Help"模块即可。

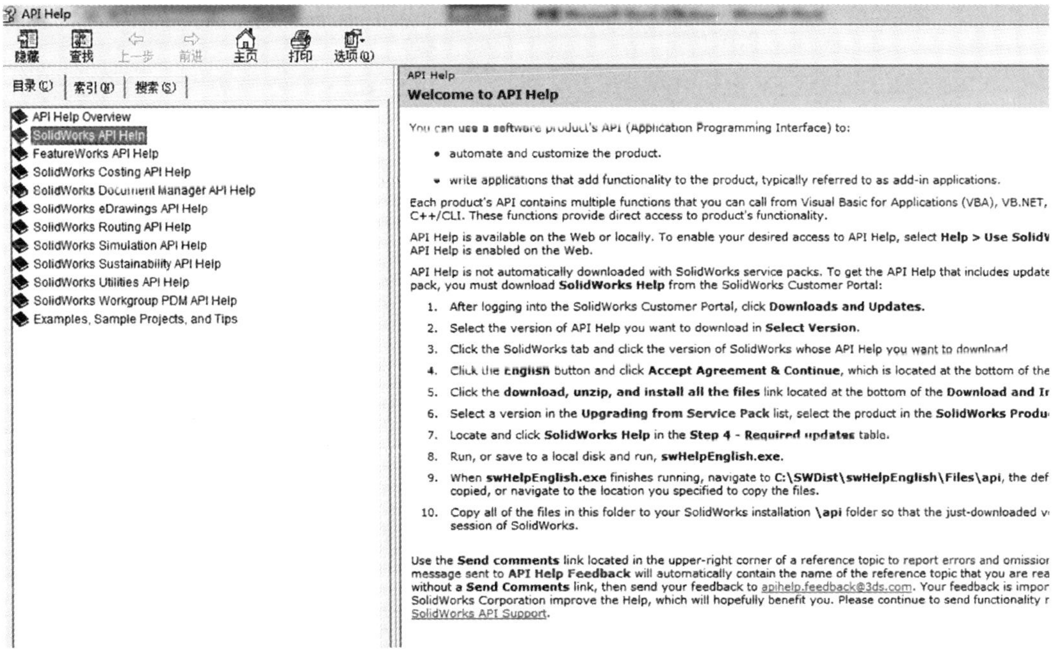

图 1-20　本地 API 帮助文档

双击“SolidWorks API Help”，可以看到有 3 个模块，分别是 Getting Started、SolidWorks APIs 和 SolidWorks Enumerations，如图 1-21 所示。

图 1-21　SolidWorks API Help 文档结构

（1）Getting Started 模块：主要介绍开发的形式、语言以及模板等内容。

（2）SolidWorks APIs 模块：主要是针对 SolidWorks 软件中各功能插件的 API 模块，如零件、装配体和工程图的相关操作都是在此模块。

（3）SolidWorks Enumerations 模块：主要为 SolidWorks 的一些常量及枚举。双击“SolidWorks.Interop.sldworks Namespace”命名空间，再双击“Interfaces”，展开后的内容就是 SolidWorks 中各功能的 API 接口，如图 1-22 所示。SolidWorks 的二次开发都是利用这些 API 接口的属性和方法进行与 SolidWorks 相关的操作。以 ImodelDoc2 为例，展开 ImodelDoc2 就可以看到 ImodelDoc2 的两个节点，如图 1-23 所示，“Methods”和“Properties”，分别表示 ImodelDoc2 接口的属性和方法，通过这两个节点就可以调用该接口类的所有属性和方法，图 1-23 的右侧则介绍了如何使用 ImodelDoc2 和相应的参数的意义等，主要包括 Example、Remarks、Accessors 和接口的成员等。

Interface 中含有非常多的接口对象，当查找某一接口时，如果都采用这样的方式则比较耗时，效率不高，SolidWorks API 帮助文档提供了索引的搜索方法，方便快速定位需要查找的接口。在图 1-24 所示的界面中，直接输入需要查找的接口的名字，SolidWorks API 帮助文档会自动地进行筛选，找到相应的接口之后，双击即可进入接口的详细界面。非常方便、快捷，但是此方法需要使用人员熟悉相应的接口。

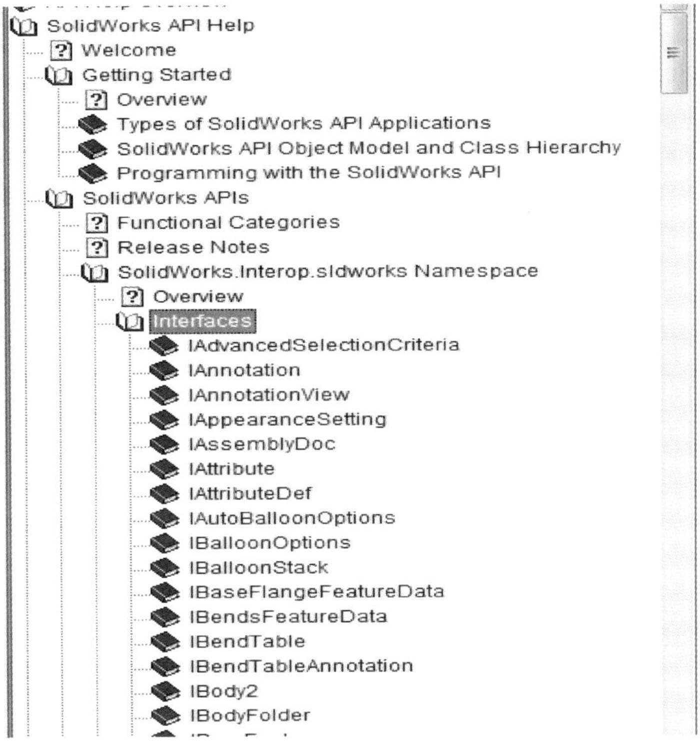

图 1-22　SolidWorks.Interop.sldworks Namespace 接口

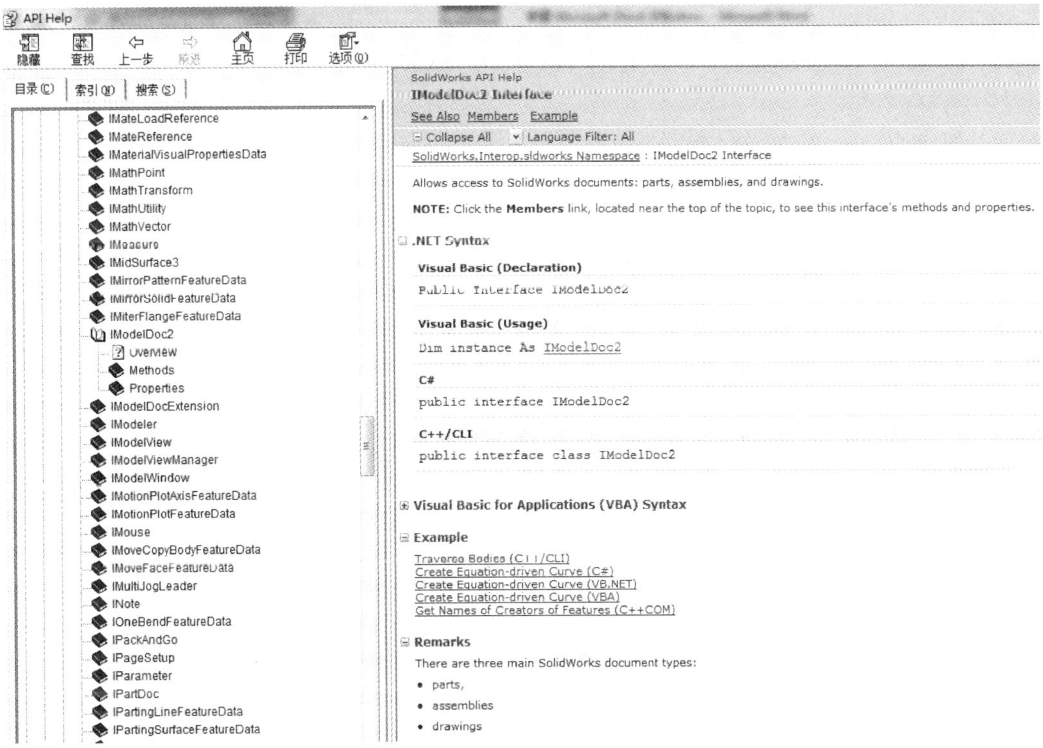

图 1-23　接口详细介绍界面

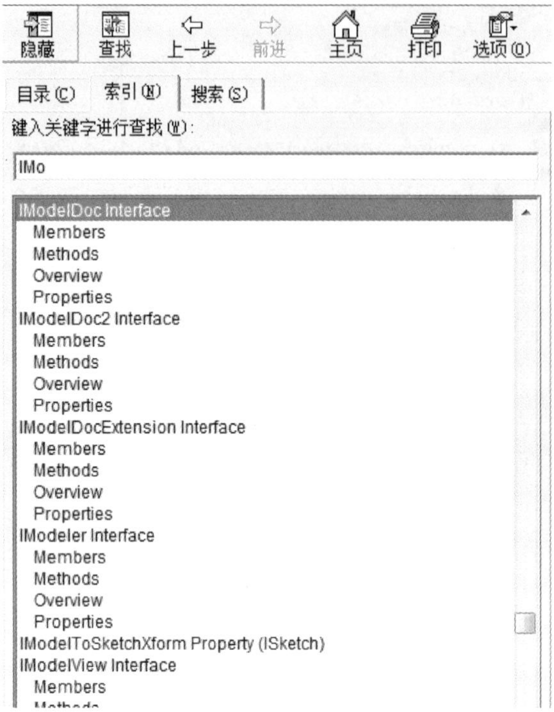

图 1-24　索引搜索

1.5　SolidWorks API SDK

API SDK 是 SolidWorks 向开发者提供的软件开发工具包(Software Development Kit)，用它可以开发与 SolidWorks 软件整合的插件程序。SDK 提供了在 Visual Studio 2010 环境下建立 SolidWorks 插件的向导程序，它同样提供了可用于 API 程序项目的样例程序。

可以在 API SDK 文件夹中找到安装程序。一旦安装成功，用户就可以在 Visual Studio 2010 中找到 SolidWorks Add-in 向导程序。

1.5.1　API SDK 安装

步骤 1　找到安装程序下的 apisdk 文件夹下的 SolidWorks API SDK.msi 文件，如图 1-25 所示。

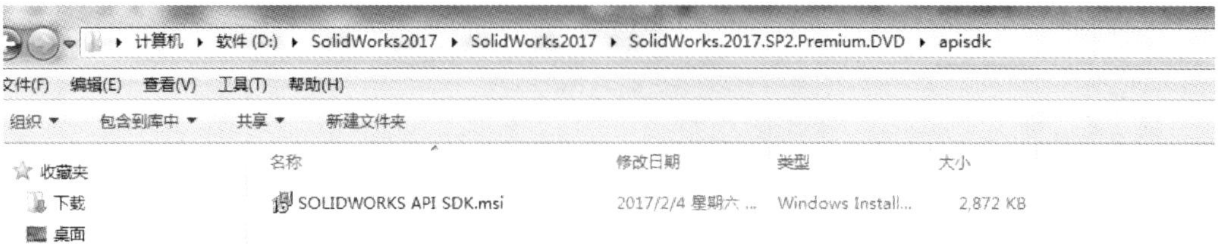

图 1-25　安装 SDK

步骤 2　双击 SolidWorks API SDK.msi 进入安装界面，如图 1-26 所示。

图 1-26　进入安装界面

步骤 3　单击"Next"，确定安装路径是否正确，如图 1-27 所示。

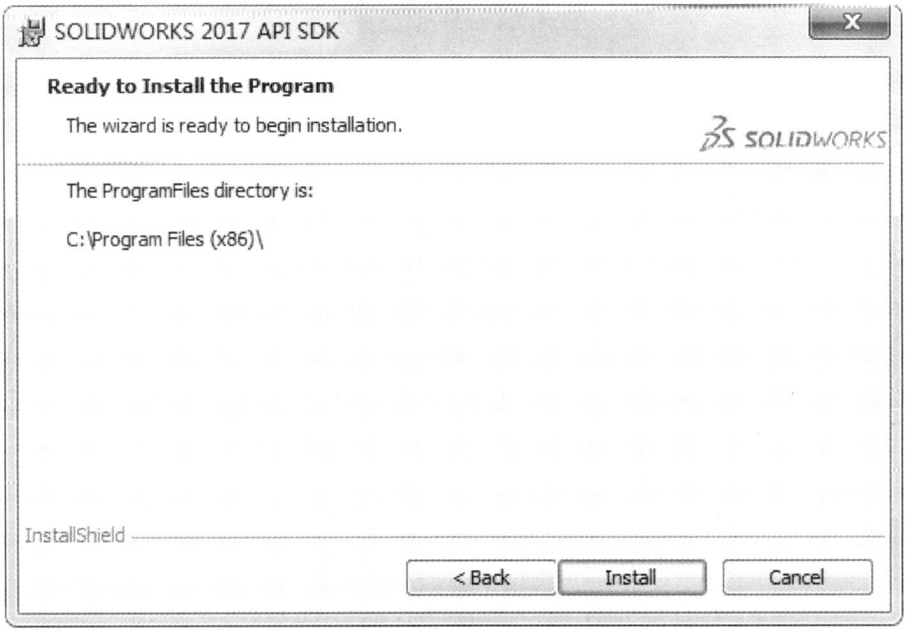

图 1-27　确认安装路径

步骤 4 单击“Install”，进入安装过程，如图 1-28 所示，直到安装完成。

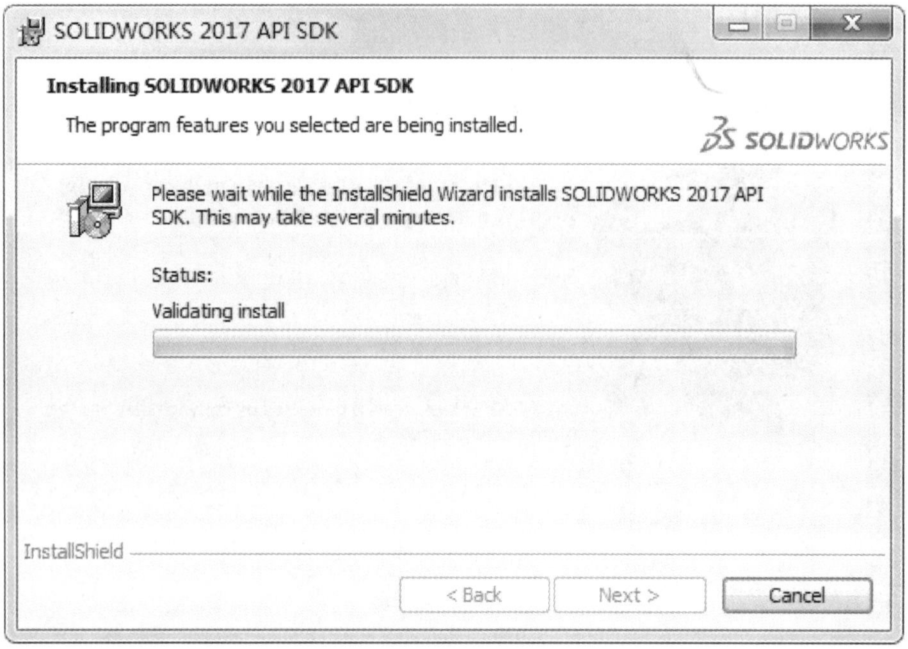

图 1-28 安装过程

步骤 5 安装完成界面如图 1-29 所示。

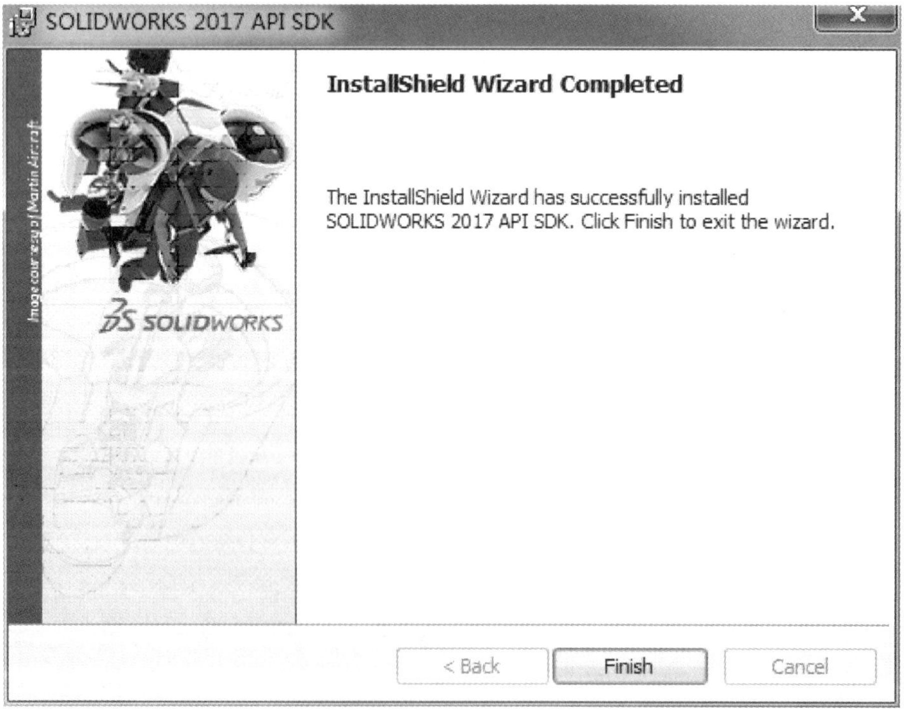

图 1-29 安装完成

1.5.2　创建 VB.Net Addin

SDK 安装成功以后，就可以使用任何一种支持 SolidWorks 二次开发的.Net 编程语言创建 SolidWorks Addin 应用程序。本书以 VB.Net 为二次开发的编程语言。

步骤 1　使用 VB.NET 创建新的 SolidWorks addin。

打开 Visual Studio 2010，单击菜单中的“文件”/“新建项目”。在项目类型中选择“Visual Basic”，在模板列表中选择“SwVBAddin”，在名称文本框中输入 SwVBAddin1，单击“确定”按钮，如图 1-30 所示。

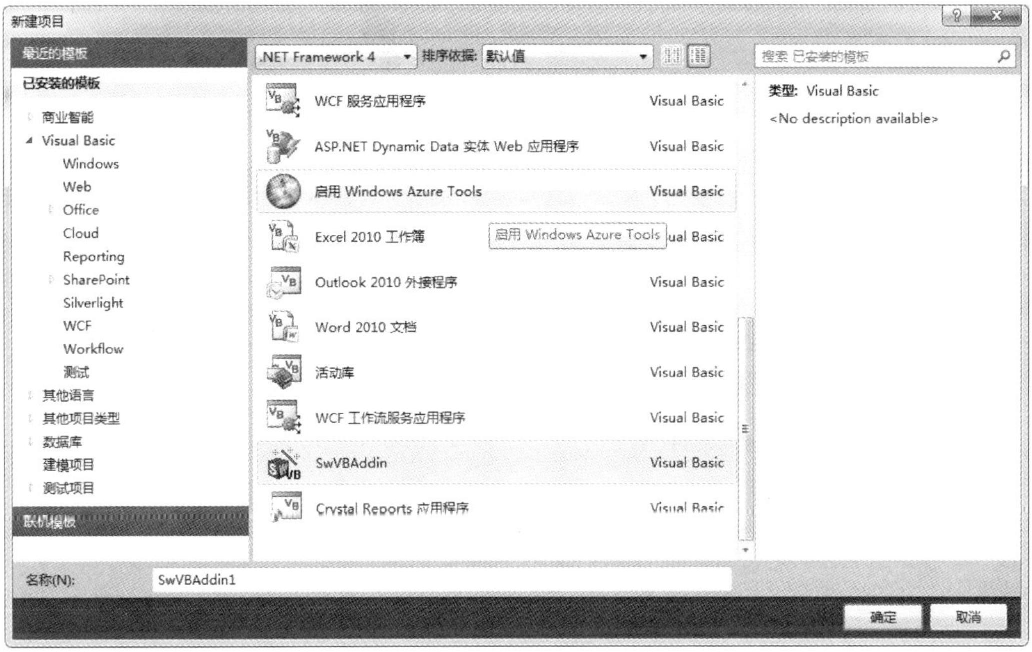

图 1-30　**创建** SolidWorks AddIn

步骤 2　检查程序项目。

向导创建了一个包含连接 SolidWorks 必要的代码项目，同时还创建了几个帮助类项目用来处理 Addn 和 SolidWorks 之间的事件。此外，添加了所有创建并实现自定义属性管理页所需的框架程序，如图 1-31 所示。

步骤 3　生成项目插件。

在 Visual Studio“生成”菜单中，单击“生成 SwVBAddin1”，就可以生成这个项目插件。

步骤 4　启动 SolidWorks，点击“工具”，可以看到 VB Addin 插件如图 1-32 所示。

步骤 5　单击 CreateCube 生成长方体，如图 1-33 所示。

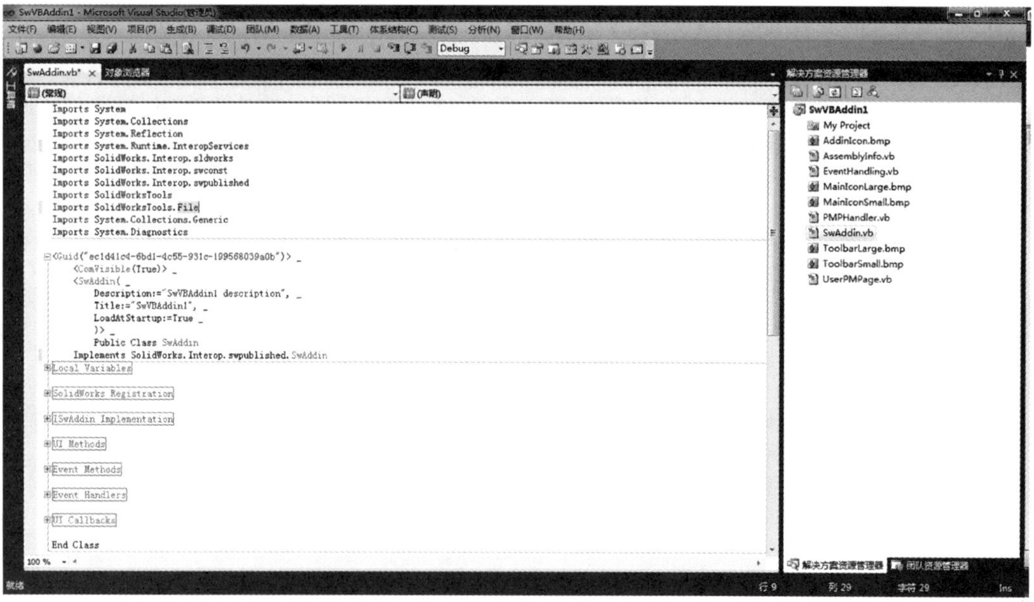

图 1-31　检查程序项目

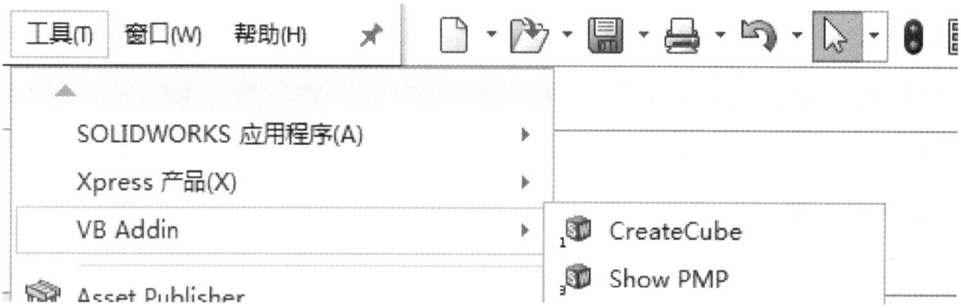

图 1-32　VB Addin 插件

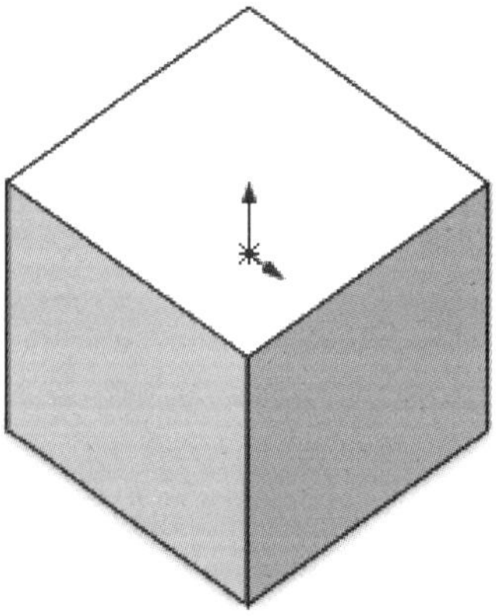

图 1-33　创建长方体

1.5.3 创建 EXE 程序

步骤 1 使用 VB.Net 创建新 EXE 程序。

打开 Visual Srudio 2010，单击菜单中的“文件”/“新建项目”，在项目类型中选择“Windows 窗体应用程序”，在模板列表中选择“Windows 窗体应用程序”，在名称文本框中输入“Create_exe”，单击确定按钮，如图 1-34 所示。

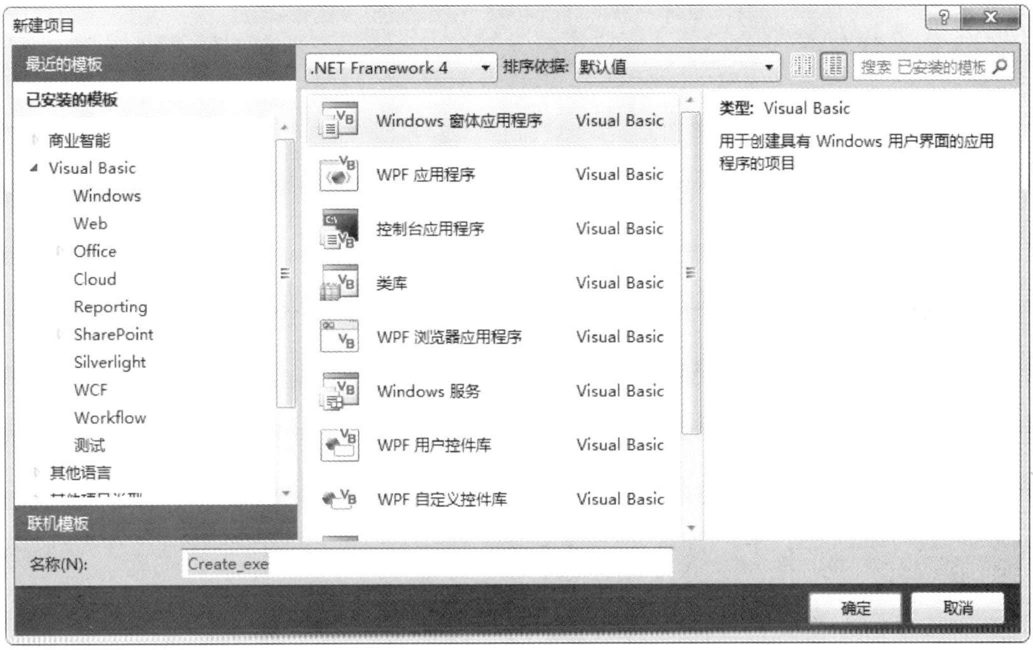

图 1-34 创建 Windows 窗体应用程序

步骤 2 按图 1-35 所示添加相应的控件。

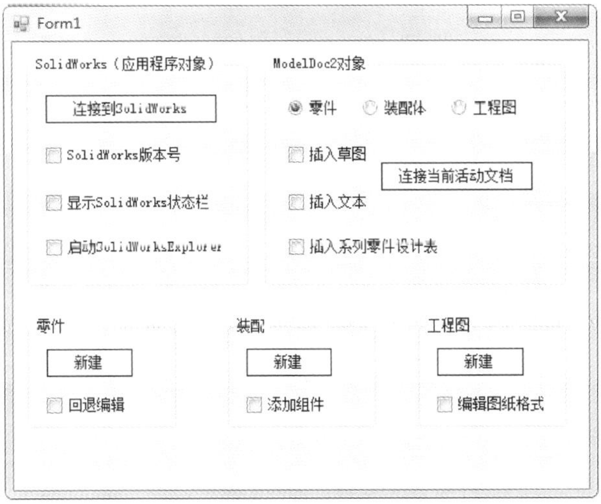

图 1-35 窗体界面

步骤 3 在给各个按钮增加事件之前，先按图 1-18 所示添加枚举变量等 DLL 文件，并在文件的顶部添加引用 Imports SolidWorks.Interop.sldworks，Imports SolidWorks.Interop.swconst。

步骤 4 给 cmdconnect 按钮增加事件，并与 SolidWorks 应用程序进行连接。

双击“连接到 SolidWorks”按钮，进入 VB.Net 代码编辑环境，输入与 SolidWorks 应用程序连接的代码。

```
Private Sub cmdconnect_Click(sender As System.Object,e As System.EventArgs)
Handles cmdconnect.Click
        swApp=New SldWorks
        swApp.Visible=True
    End Sub
```

步骤 5 添加 SldWorks 的方法和属性。

在“SolidWorks 版本号”复选框事件中添加如下代码：

```
Private Sub ChkrevNum_CheckedChanged(sender As System.Object,e As System.
EventArgs) Handles ChkrevNum.CheckedChanged
        Dim Get_swApp As Boolean
        Get_swApp=Ret_swApp(swApp)
        If Get_swApp=False Then
            Exit Sub
        End If
        If ChkrevNum.Checked=True Then
            retval=swApp.RevisionNumber
            MsgBox("当前运行的版本是:" &retval)
        End If
    EndSub
```

在“显示 SolidWorks 状态栏”复选框事件中添加如下代码：

```
  Private Sub ChkDiapStatBar_CheckedChanged(sender As System.Object,e As
System.EventArgs) Handles ChkDiapStatBar.CheckedChanged
        Dim Get_swApp As Boolean
        Get_swApp=Ret_swApp(swApp)
        If Get_swApp=False Then
            Exit Sub
        End If
        If ChkDiapStatBar.Checked=True Then
            swApp.DisplayStatusBar(True)
        Else
            swApp.DisplayStatusBar(False)
        End If
    End Sub
```

在“启动 SolidWorksExplorer”复选框事件中添加如下代码：

```
    Private Sub ChkswExp_CheckedChanged(sender As System.Object, e As
System.EventArgs) Handles ChkswExp.CheckedChanged
        Dim Get_swApp As Boolean
        Get_swApp=Ret_swApp(swApp)
        If Get_swApp=False Then
            Exit Sub
        End If
        If ChkswExp.Checked=True Then
            swApp.SolidWorksExplorer()
        End If
    End Sub
```

步骤 6　保存并运行程序，分别测试每个复选框，察看 SolidWorks 是如何工作的。

运行结果如下：

（1）“连接到 SolidWorks”+“SolidWorks 版本号”的运行结果如图 1-36 所示。

（2）“连接到 SolidWorks”+“显示 SolidWorks 状态栏”的运行结果如图 1-37 所示。

（3）“连接到 SolidWorks”+“启动 SolidWorksExplorer”的运行结果如图 1-38 所示。

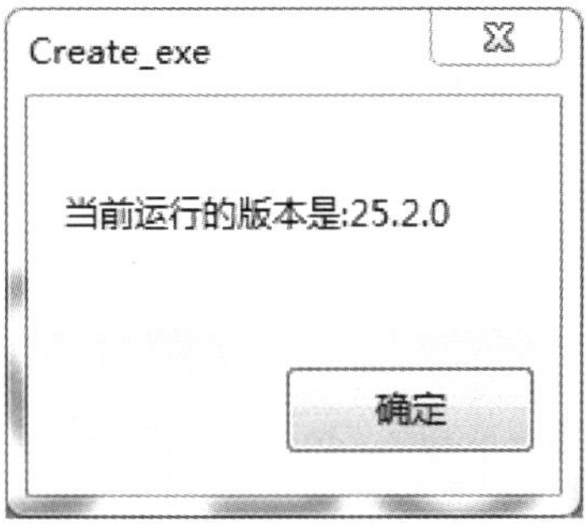

图 1-36　SolidWorks **版本号**

图 1-37　SolidWorks **状态栏**

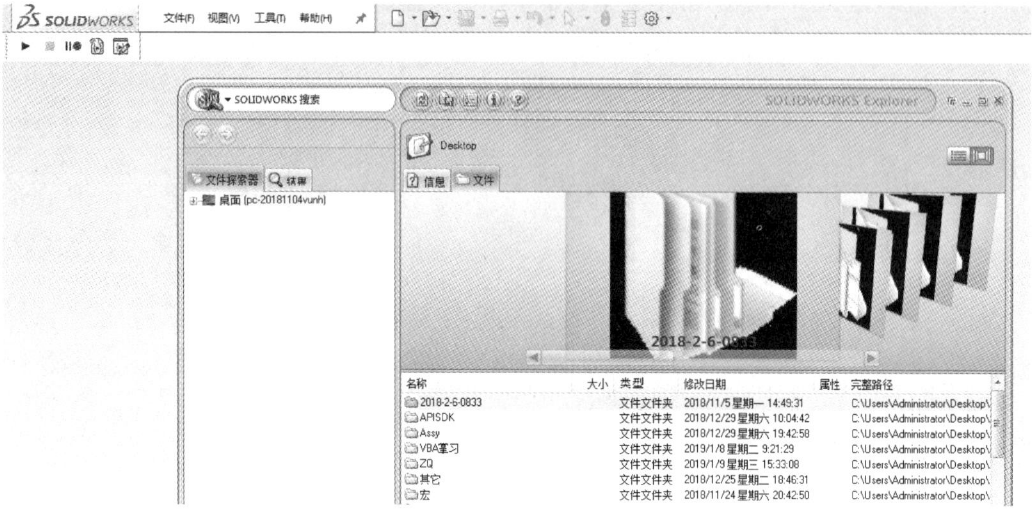

图 1-38　启动 SolidWorksExplorer

步骤 7　添加 ModelDoc2 对象的方法和属性。

在“零件”RadioBox 事件中添加如下代码：

```
  Private Sub OptPart_CheckedChanged(sender As System.Object, e As System.
EventArgs) Handles OptPart.CheckedChanged
        If swApp Is Nothing Then
            OptPart.Checked=False
            Exit Sub
        End If
        If OptPart.Checked=True Then
            swModel=swApp.NewDocument("E:\SolidWorks Data\SOLIDWORKS\lang\
chinese- simplified\Tutorial\part.prtdot", 0, 0, 0)
            swPart=swModel
            swApp.ActivateDoc2("零件 1", False, longstatus)
            swPart=swApp.ActiveDoc
            Dim myModelView As Object
            myModelView=swPart.ActiveView
            myModelView.FrameState=swWindowState_e.swWindowMaximized
        End If
    End Sub
```

在“装配体”RadioBox 事件中添加如下代码：

```
  Private Sub OptAssy_CheckedChanged(sender As System.Object, e As System.
EventArgs) Handles OptAssy.CheckedChanged
        If swApp Is Nothing Then
            swApp=New SldWorks
            swApp.Visible=True
```

```
        End If
        If OptAssy.Checked=True Then
            swModel=swApp.NewDocument("E:\SolidWorks Data\SOLIDWORKS\lang\
chinese- simplified\Tutorial\assem.asmdot",0,0,0)
            Dim swAssm As AssemblyDoc
            Dim longstatus As Long
            swApp.ActivateDoc2("装配体 1",False,longstatus)
            swAssm=swApp.ActiveDoc
            Dim myModelView As Object
            myModelView=swAssm.ActiveView
            myModelView.FrameState=swWindowState_e.swWindowMaximized
        End If
    EndSub
```

在“工程图”RadioBox 事件中添加如下代码：

```
Private Sub OptDraw _CheckedChanged (sender As System. Object, e As System.
EventArgs) Handles OptDraw.CheckedChanged
            If swApp Is Nothing Then
            swApp=New SldWorks
            swApp.Visible=True
        End If
If OptDraw.Checked=True Then
            swModel=swApp.NewDocument("E:\SolidWorks Data\SOLIDWORKS\lang\
chinese-simplified\Tutorial\draw.drwdot",0,0,0)
            Dim swDraw As DrawingDoc
            Dim longstatus As Long
            swApp.ActivateDoc2("工程图 1",False,longstatus)
            swDraw=swApp.ActiveDoc
            Dim myModelView As Object
            myModelView=swDraw.ActiveView
            myModelView.FrameState=swWindowState_e.swWindowMaximized
        End If
    EndSub
```

在“插入草图”复选框事件中添加如下代码：

```
    Private Sub ChkSketch_CheckedChanged(sender As System.Object,e As System.
  EventArgs) Handles ChkSketch.CheckedChanged
        If ChkSketch.Checked=True Then
            If OptPart.Checked=True Or OptAssy.Checked=True Then
            swModel.SketchManager.InsertExplodeLineSketch()
            End If
        End If
    End Sub
```

在“插入文本”复选框事件中添加如下代码：

```
    Private Sub ChkNote_CheckedChanged(sender As System.Object, e As System.
EventArgs) Handles ChkNote.CheckedChanged
        If ChkNote.Checked=True Then
            Dim swNote As Note
            Dim swAnnotation As Annotation
            Dim text As String
            text="Sample Note"
            swNote=swModel.IInsertNote(text)
            swAnnotation=swNote.GetAnnotation
            swAnnotation.SetPosition(0.01,0.01,0)
        End If
    EndSub
```

在“插入系列零件设计表”复选框事件中添加如下代码：

```
    Private Sub ChkFamilyTable_CheckedChanged(sender As System.Object, e As
System.EventArgs) Handles ChkFamilyTable.CheckedChanged
        If ChkFamilyTable.Checked=True Then
            If OptPart.Checked=True Or OptAssy.Checked=True Then
                swModel.InsertFamilyTableNew()
            End If
        End If
    EndSub
```

步骤 8 保存并运行程序，分别测试每个复选框。

(1)“零件”+“连接当前活动文档”的运行结果、“装配体”+“连接当前活动文档”的运行结果与“工程图”+“连接当前活动文档”的运行结果如图 1-39 所示。

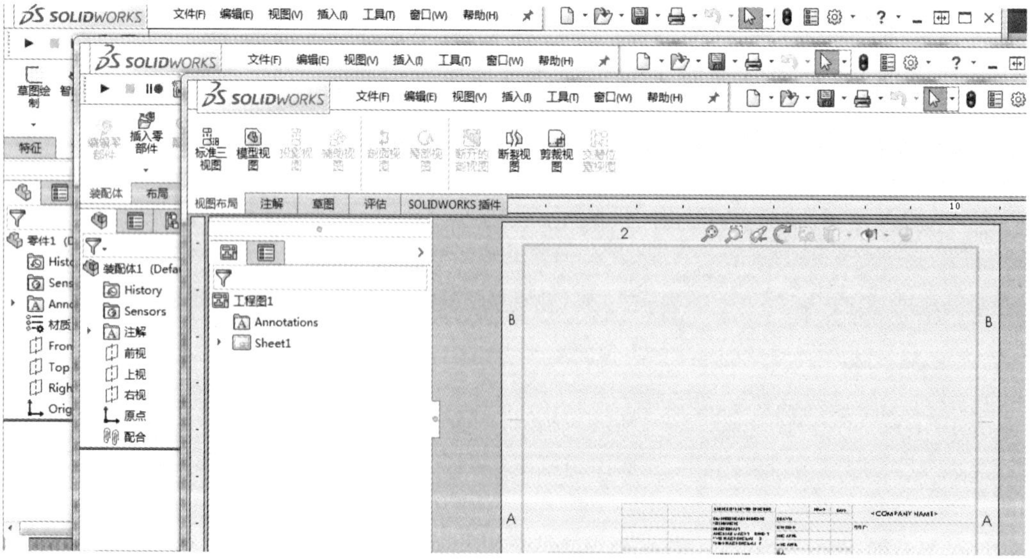

图 1-39 所示创建文档

（2）“零件”+“插入草图”+“连接当前活动文档”与“装配体”+“插入草图”+“连接当前活动文档”的运行结果如图 1-40 所示。

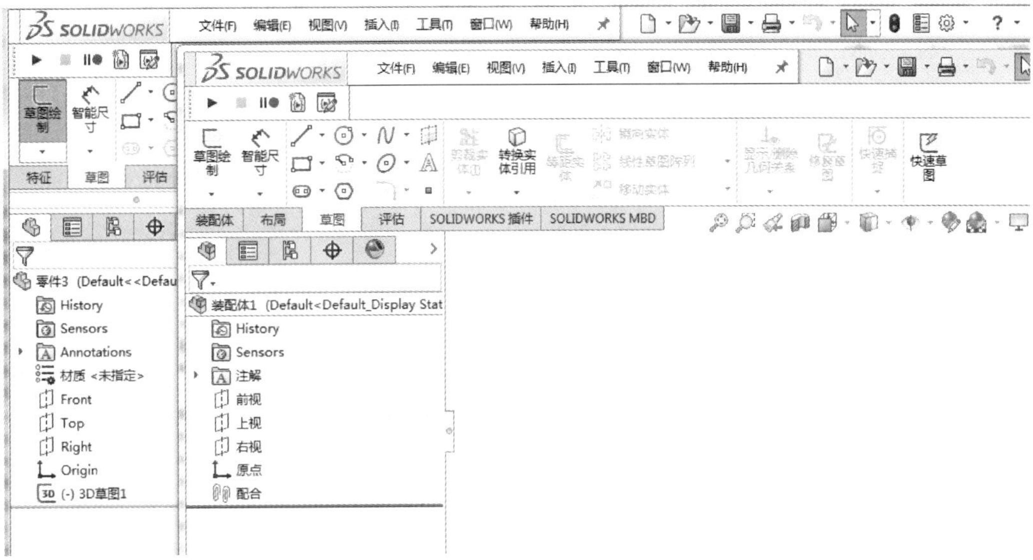

图 1-40　所示插入草图

（3）“零件”+“插入文本”+“连接当前活动文档”、“装配体”+“插入文本”+“连接当前活动文档”与“工程图”+“插入文本”+“连接当前活动文档”的运行结果如图 1-41 所示。

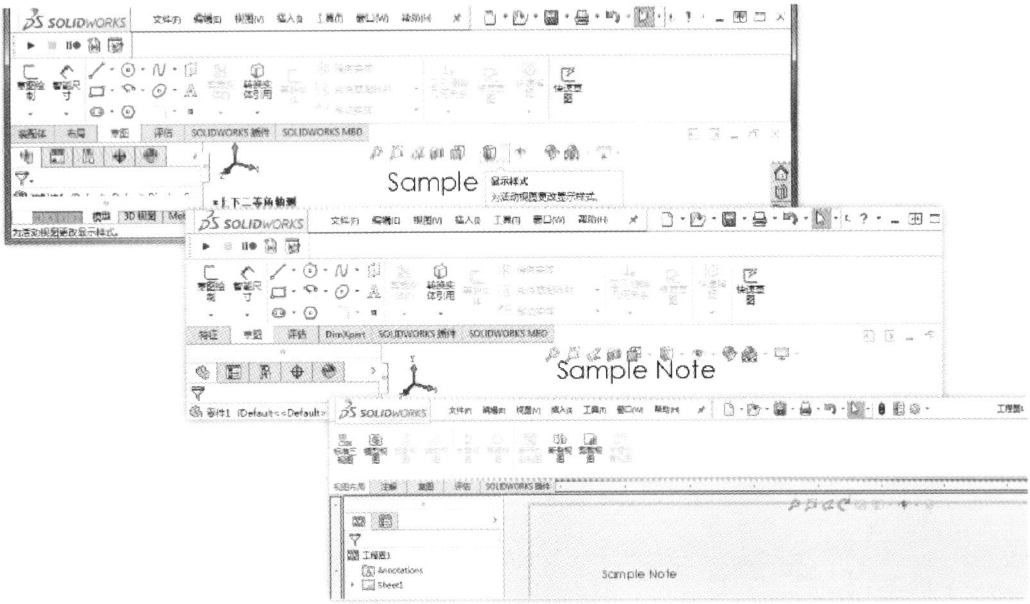

图 1-41　所示插入文本

（4）“零件”+“插入系列零件设计表”+“连接当前活动文档”与“装配体”+“插入系列零件设计表”+“连接当前活动文档”的运行结果如图 1-42 所示。

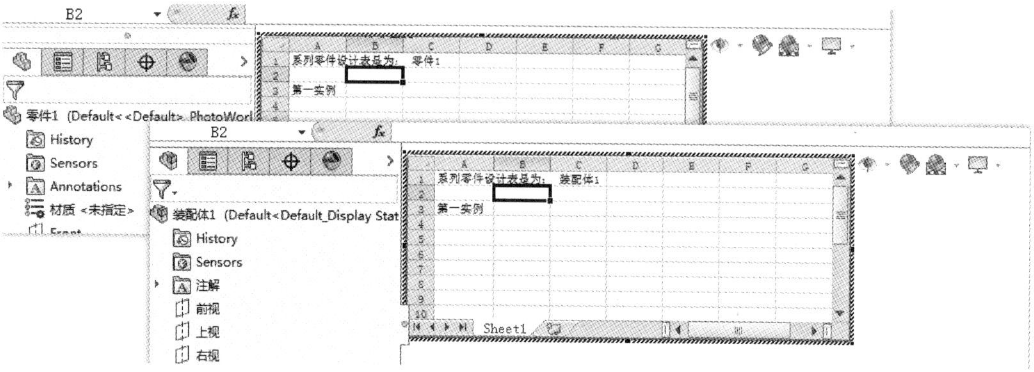

图 1-42　插入系列零件设计表

1.6　注册表与二次开发

SolidWorks 2017 根据插件写在注册表中的信息查找插件所在的文件路径，然后根据插件路径加载相应的插件。加载到 SolidWorks 2017 的插件是一个 DLL 文件，该文件包含一个或多个针对 SolidWorks 2017 API 的 COM 对象，每一个对象都有一个代表其自身的 CLSID。

打开注册表编辑器，在 HEKY_LOCAL_MACHINE 的 Software 中找到 SolidWorks，下面有 AddIns 一项，如图 1-43 所示，该文件夹是用来管理开发人员添加到 SolidWorks 的二次开发插件。

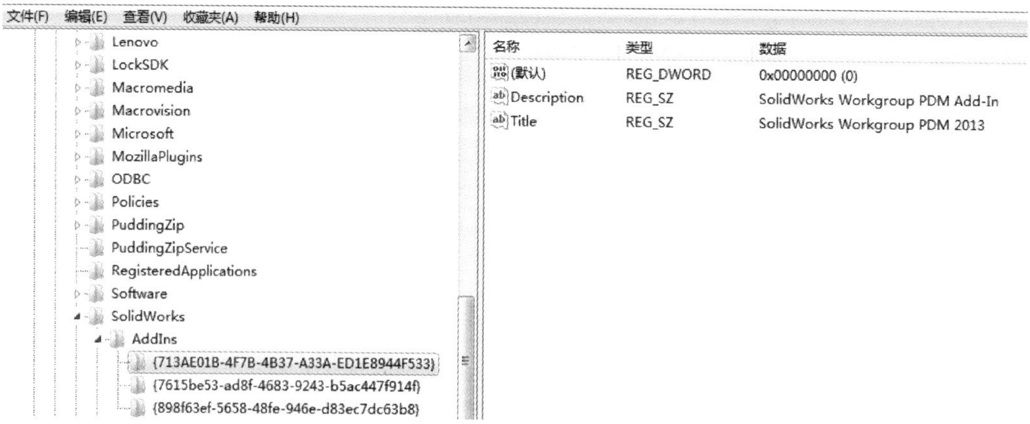

图 1-43　注册表编辑器中的插件项

在注册表编辑器中选择 HEKY_CLASSES_ROOT，找到 CLSID 并打开，里边有很多键值。查找对应的键值所在的位置，如图 1-44 所示，在该键值的下面有 5 项内容，InprocServer32 主要是关于 DLL 插件信息及所在的位置，ProgID 主要登记插件的类名，如图 1-45 所示。通过 HEKY_CLASSES_ROOT\CLSID 中对插件的信息进行注册，插件即可被正常加载。

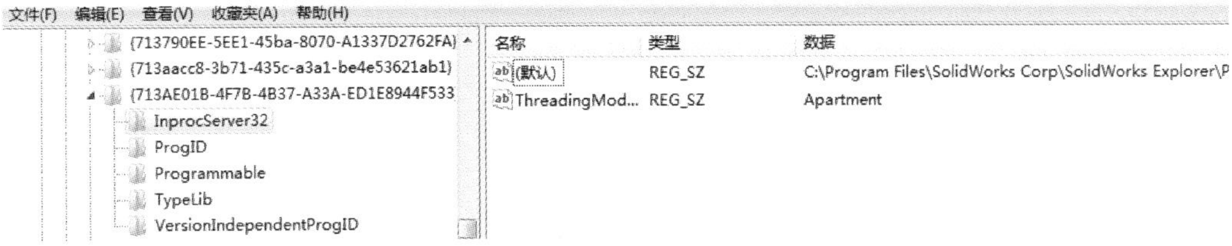

图 1-44　注册表编辑器中的插件子项

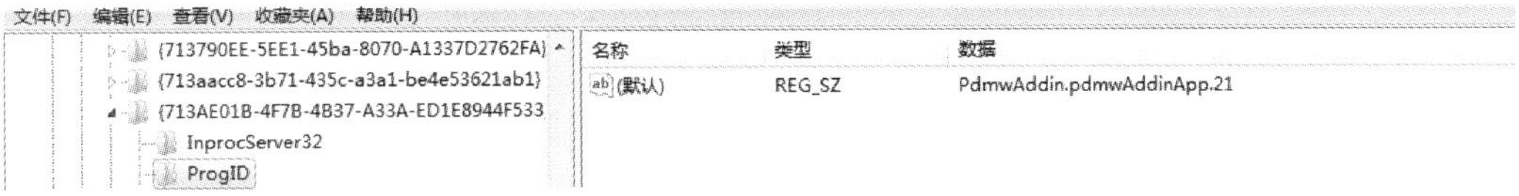

图 1-45　ProgID 结点信息

第 2 章　文 档 操 作

文档操作是 SolidWorks 二次开发过程中最基础、最重要的一部分内容，它主要包括文档的打开、保存、遍历和查找文件的参考文件等。本章将对相关的 API 操作函数进行介绍，并通过具体实例进行详细说明。

学习目标

（1）了解 Solidworks API 文件操作函数的参数的含义及调用函数。

（2）熟练掌握文件打开、保存、遍历、查找和自定义属性等功能。

2.1　文档的创建

开始编程时，通常都要新建一个 SolidWorks 文件，文档的创建主要应用到 NewDocument API 函数。

```
SldWorks::NewDocument
retval= SldWorks.NewDocument
```

NewDocument 函数的返回值和参数特性如表 2-1 所示。

表 2-1　NewDocument 中参数含义

类型	参数	含义
输入	(String) TemplateName	用于创建新文档的模板的名称
输入	(Integer) PaperSize	用于定义模板的大小
输入	(Double) Width	纸的宽度，只有当纸张尺寸为 swdwgpapersuser 定义时才使用
输入	(Double) Height	纸的高度，只有当纸张尺寸为 swdwgpapersuser 定义时才使用
输出	(ModelDoc2) retval	创建文档的指针，创建失败其值为 Null

函数功能：创建新的 SolidWorks 文件。

说明：创建新的 SolidWorks 文件时需要有一个创建新文档的模板。

（1）新建 SolidWorks 零件文件。

```
Dim swApp As New SldWorks.SldWorks
Dim swPart As PartDoc
swApp.Visible=True
swPart= swApp.NewDocument ("C:\ProgramData\SolidWorks\SolidWorks 2017\
templates\gb_part.prtdot",0,0,0)
```

（2）新建 SolidWorks 装配文件。

```
Dim swApp As New SldWorks.SldWorks
Dim swAsse As AssemblyDoc
swApp.Visible=True
swAsse= swApp.NewDocument ("C:\ProgramData\SolidWorks\SolidWorks 2017\
templates\gb_part.prtdot",0,0,0)
```

（3）新建 SolidWorks 工程图文件。

```
Dim swApp As New SldWorks.SldWorks
Dim swDra As DrawingDoc
swApp.Visible=True
swDra = swApp.NewDocument (" C:\ProgramData\SolidWorks\SolidWorks 2017\
templates\gb_a0.drwdot",0,0,0)
```

2.2 文档的打开

打开文档主要用到 OpenDoc6 函数，它用于打开一个已经存在的文档。还可以设置文档打开时是否压缩、只读等。

```
SldWorks::OpenDoc6
retval=SldWorks.OpenDoc6
```

OpenDoc6 函数的返回值和参数特性如表 2-2 所示。

表 2-2 OpenDoc6 中参数含义

类型	参数	含义
输入	(String)FileName	包含扩展名的文档名，若文档不在当前路径下，则需给出完整路径名称
输入	(Integer)Type	枚举变量，描述文档类型(1:零件文档;2:装配体文档;3:工程图文档)

续表2-2

类型	参数	含义
输入	(Integer)Options	枚举变量,决定文档打开方式的变量
输入	(String)Configuration	模型以什么配置打开
输入	(Integer)Errors	枚举变量 swFileLoadError_e,定义装载错误
输入	(Integer)Warnings	枚举变量 swFileLoadWarning_e,生成警告信息
输出	(ModelDoc2)retval	打开文档的指针,打开失败其值为 Null

函数功能:打开一个已经存在的 SolidWorks 文件。

说明:打开文档时,需要注意文档类型的选取,即 OpenDoc6 中第二个文档类型枚举变量的参数值的设定。

2.3 文档的保存

SolidWorks 有三种主要文档类型:零件、装配体和工程图,每一种文档都有自己的 API 对象(PartDoc,AssemblyDoc,DrawingDoc)以及相关的函数,比如函数 AddComponet 就只有装配体文档具有。同时 SolidWorks API 也提供了不同文档所共用的函数,比如打印、保存等,SolidWorks 为这些共性操作提供了 ModelDoc2 对象。ModelDoc2 对象提供了和 PartDoc、AssemblyDoc、DrawingDoc 的直接接口。也就是说,对于 COM 而言,ModelDoc2 对象可以从以上任何文档中通过接口查询获得,同样,通过接口查询技术,从 ModelDoc2 对象中也可以获得相关的 PartDoc、AssemblyDoc、DrawingDoc 对象。

(1) 直接保存。

```
ModelDoc2::Save3
retval=ModelDoc2.Save3
```

Save3 函数的返回值和参数特性如表 2-3 所示。

表 2-3　Save3 中参数含义

类型	参数	含义
输入	(Integer)Options	swSaveAsOptions_e 定义文档不同的保存方式
输入	(Integer)Errors	swFileSaveError_e 定义保存失败可能的原因
输入	(Integer)Warnings	swFileSaveWarning_e 定义保存时的警告信息
输出	(Boolean)retval	True 表示保存成功,False 表示保存失败

函数功能:此函数主要是用来保存 SolidWorks 文档。

(2)另存为。

```
IModelDocExtension::SaveAs
retval=IModelDocExtension.SaveAs
```

SaveAs 函数的返回值和参数特性如表 2-4 所示。

表 2-4 SaveAs 中参数含义

类型	参数	含义
输入	(String)Name	文档的新名称
输入	(Integer)Version	文档保存类型
输入	(Integer)Options	同 Version
输入	(String)ExportData	用于将图纸输出为 PDF 或 Nothing 的 IExportPdfData 对象
输入	(Integer)Errors	枚举变量 swFileSaveError_e 定义保存错误信息
输入	(Integer)Warnings	枚举变量 swFileSaveWarning_e,生成警告信息
输出	(Boolean)retval	True 表示保存成功,False 表示保存失败

函数功能:将 SolidWorks 文档保存为不同的名称,也可以是其他类型的文档,如 PDF。

说明:将已有工程图保存为 PDF 文档时,由于工程图中可能包含多张图纸,所以另存为 PDF 文档前需要获取所有图纸列表中图纸的名称。

2.4 文档的关闭

文档的关闭主要用 CloseDoc 函数实现。CloseDoc 函数的返回值和参数特性如表 2-5所示。

```
ISldWorks::CloseDoc
ISldWorks.CloseDoc
```

表 2-5 CloseDoc 中参数含义

类型	参数	含义
输出	(String)Name	文件名称

函数功能:该函数关闭指定的已经打开的文档。

说明:如果指定的文档未打开,则此操作无效。如果 Name 设置为空字符串,则关闭活动文档。

【例 2.1】 该实例用于学习文档的打开、保存、另存为以及关闭操作(实例位置:资源包\源码\第二章\实例 2.1)。

```
Imports System.Runtime.InteropServices
Imports SolidWorks.Interop.sldworks
Imports SolidWorks.Interop.swconst

Dim swApp As SldWorks.SldWorks              '声明 SldWorks 对象
Dim swModel As SldWorks.ModelDoc2           '声明 ModelDoc2 对象
Dim nDocType As Integer                     '声明文档类型
Dim Options As Integer                      '声明枚举变量,决定文档打开方式
Dim nErrors As Integer                      '声明枚举变量,定义装载错误
Dim nWarnings As Integer                    '声明枚举变量,生成警告信息
Dim sDocFileName As String                  '声明需要打开的文档的路径为字符串变量
Private Sub DaKWD_Click(sender As System.Object,e As System.EventArgs)
Handles DaKWD.Click
    '根据选择的文档,判断文档类型(零件为 1,装配体为 2,工程图为 3)
    If InStr(LCase(sDocFileName),"sldprt") > 0 Then
        nDocType=1
    ElseIf InStr(LCase(sDocFileName),"sldasm") > 0 Then
        nDocType=2
    ElseIf InStr(LCase(sDocFileName),"slddrw") > 0 Then
        nDocType=3
    Else
        Exit Sub
    End If
    '打开文档
    swModel = swApp. OpenDoc6 ( sDocFileName, nDocType, Options,"", nErrors,
nWarnings)
    End Sub
    Private Sub ZhiJBC_Click(sender As System.Object,e As System.EventArgs)
Handles ZhiJBC.Click
        Dim boolSave As Boolean                                '声明保存的布尔变量
        boolSave=swPart.Save3(Options,Errors,Warnings)  '保存文档
        '根据 boolSave 的 True、Flase 判断是否保存成功
        If boolSave=True Then
```

```
        MsgBox(sDocFileName & "保存成功")
    Else
        MsgBox(sDocFileName & "保存失败")
    End If
End Sub
Private Sub LingCW_Click(sender As System.Object,e As System.EventArgs)
Handles LingCW.Click
    Dim swExportPDFData As IExportPdfData      '声明 IExportPdfData 对象
    Dim swModExt As ModelDocExtension          '声明 ModelDocExtension 对象
    Dim boolstatuSaveas As Boolean             '声明另存为布尔变量
    Dim n As Integer                           '用来记录原来不带格式的文件名的位置
    Dim filename As String                     '声明另存为的文件名
    n=InStr(1,sDocFileName,".")
    filename=Mid(sDocFileName,1,n - 1) + "01" + Mid(sDocFileName,n)     '另存
为的文件名
    '另存
    swModExt=swPart.Extension
    swExportPDFData=swApp.GetExportFileData(swExportDataFileType_e.
swExportPdfData)
    boolstatuSaveas=swModExt.SaveAs(filename,swSaveAsVersion_e.
swSaveAsCurrentVersion,swSaveAsOptions_e.swSaveAsOptions_Silent,
swExportPDFData,Errors,Warnings)
    '根据 boolstatuSaveas 的 True、Flase 判断是否保存成功
    If boolstatuSaveas=True Then
        MsgBox(sDocFileName & "另存为成功")
    Else
        MsgBox(sDocFileName & "另存为失败")
    End If
EndSub
Private Sub GuanBWD_Click(sender As System.Object, e As System.EventArgs)
Handles GuanBWD.Click
    swApp.CloseDoc(sDocFileName)                          '关闭文档
End Sub
```

2.5 文档的复制

文档的复制使用 File.Copy 语句，它可以在文件夹之间复制文件，其参数含义如表 2-6 所示。

表 2-6 File.Copy 中参数含义

类型	参数	含义
输入	(String)sourceFileName	要复制的文件
输入	(String)destFileName	目标文件的名称

函数功能：将现有文件复制到新文件夹。

说明：该语句的第一个参数是文件来源，明确你要复制的文件名称；第二个参数是复制的目的地，可以包括驱动器和文件夹的地址。两个参数都是必需的。不允许覆盖同名的文件。

【例 2.2】 将文件复制到另外一个文件夹中(实例位置：资源包\源码\第二章\实例 2.2)。

```
Dim strDoc_Path As String              '声明原文件字符名称
Dim strMy_Path As String               '声明目标文件字符名称
Dim strDirectoryDesPath As String      '声明目标文件与原文件相同的文件夹名称
Dim DocPath As DirectoryInfo           '声明文件对象
Dim myDocPath As DirectoryInfo
Dim f,fs() As FileInfo                 '声明文件流
'原文件名称及目标文件名称赋值
strDoc_Path=Doc_Path.Text
strMy_Path=My_Path.Text
'实例化 DocPath,myDocPath 对象
DocPath=New DirectoryInfo(strDoc_Path)
myDocPath=New DirectoryInfo(strMy_Path)
'目标文件夹下文件的名称
strDirectoryDesPath=myDocPath.FullName & "" & DocPath.Name
'判断目标目录是否已存在
If Not Directory.Exists(strDirectoryDesPath) Then
    Directory.CreateDirectory(strDirectoryDesPath)
End If
'获得文件夹下的子文件
fs=DocPath.GetFiles()
```

```
'遍历文件路径下的所有文档,并将其复制到指定的文件夹下
For Each f In fs
    File.Copy(f.FullName,strDirectoryDesPath &"\" &f.Name)
Next
```

2.6 遍历打开文件

遍历打开文件主要使用 EnumDocuments2 获得文档列表对象，然后通过 Next 遍历 EnumDocuments2 对象中的文件，再通过 GetPathName 获得文件的完整路径名。

EnumDocuments2 对象的返回值和参数特性如表 2-7 所示。

```
ISldWorks::EnumDocuments2
retval=ISldWorks.EnumDocuments2
```

表 2-7 EnumDocuments2 **中参数含义**

类型	参数	含义
输出	(LPENUMDOCUMENTS2)retval	文件列表对象指针

函数功能：该函数获得当前所有打开的文件列表。

说明：包含在 EnumDocuments2 对象中的 ModelDoc2 对象列表包含任何打开的 ModelDoc2 指针，也包含已经被打开并作为文档参考的 ModelDoc2 对象，这包括可能已经作为文件引用打开的 ModelDoc2 对象。例如，在装配体或工程图中。

可以使用 ModelDoc2.Visible 可见属性来确定某个特定的文档窗口是否对用户可见。

Next 对象的返回值和参数特性如表 2-8 所示。

```
EnumDocuments2::Next
EnumDocuments2.Next
```

表 2-8 Next **中参数含义**

类型	参数	含义
输入	(Integer)Celt	列举的文件数目
输入	(LPMODELDOC2 *)Rgelt	Celt 数组大小的 ModelDoc2
输出	(Integer)pceltFetched	从列表返回的文件数目的指针。如果请求的文件比现有的文件多时，该值可以小于 Celt；如果没有更多的文件存在，该值可以是空

函数功能：该函数获得 EnumDocuments2 对象中的下一个 ModelDoc2 对象。

说明：EnumDocuments2 对象中的 ModelDoc2 对象列表包含任何打开的 ModelDoc2 指针，也包含已经被打开并作为文档参考的 ModelDoc2 对象，这包括可能已经作为文件引用打开的 IModelDoc2 对象，例如，在装配体或工程图中。

GetPathName 对象的返回值和参数特性如表 2-9 所示。

```
IComponent2)::GetPathName
IComponent2).GetPathName
```

表 2-9 GetPathName **中参数含义**

类型	参数	含义
输出	(BSTR)retval	获得文件的完整路径

函数功能：获得当前文件的完整路径。

说明：如果获取的文件还没有保存则返回空值。

【例 2.3】 该实例说明如何获得当前打开的所有文件及其文件名。

```
Dim swApp As New SldWorks.SldWorks              '声明并实例化 SolidWorks 对象
Dim value As EnumDocuments2                     '声明 EnumDocuments2 对象
Dim pmodeldoc As ModelDoc2 = Nothing            '声明 ModelDoc2 对象
Dim errors As Long
Dim waring As Long
Dim nfetched As Long= - 1
'显示 SolidWorks
swApp.Visible=True
'打开两个 SolidWorks 文档
swApp.OpenDoc6("F:\产品模型库\方案 1\零件\换热管片类\XZ_定距管 FA_假管.
SLDPRT",1,0,"",errors,waring)
swApp.OpenDoc6("F:\产品模型库\方案 1\零件\换热管片类\XZ_U 型管.SLDPRT",1,
0,"",errors,waring)
'获得当前打开的所有文件列表
value=swApp.EnumDocuments2()
'遍历所有打开的文件列表
Do
   value.Next(1,pmodeldoc,nfetched)
   If pmodeldoc Is NotNothing Then
        MsgBox(pmodeldoc.GetPathName)        '获得并弹出所有打开的文件的路径信息
   End If
Loop While(pmodeldoc IsNot Nothing)
```

2.7　查找参考文件

在装配体和工程图中，常常需要查找装配体和工程图参考的其他文件。查找文件的参考文件可使用 GetDependencies2 对象获得当前文档所参考文件数目，然后遍历当前文档所参考文件并获得其完整的路径名。

```
IModelDoc2::GetDependencies2
retval=IModelDoc2.GetDependencies2
```

GetDependencies2 对象的返回值和参数特性如表 2-10 所示。

表 2-10　GetDependencies2 **中参数含义**

类型	参数	含义
输入	(Boolean) Traverseflag	True 代表遍历所有的参考文件；Flase 代表得到参考文件的最高层
输入	(Boolean) Searchflag	True 代表使用搜索规则来查找参考文件；Flase 代表从上次保存文档的位置处搜索
输入	(Boolean) AddReadOnlyInfo	True 代表返回只读信息
输出	retval	参考文件字符串

函数功能：该函数获得所有参考文件的数目。

说明：该函数返回的参考文件字符串中，每个文件有两个字符串，第一个是文件名；第二个是具有完整路径的文件名。

【例 2.4】　该实例说明如何查找文件所参考的其他文件（实例位置：资源包\源码\第二章\实例 2.4）。

```
Private Sub XuanZWJ_Click(sender As System.Object,e As System.EventArgs)
Handles XuanZWJ.Click
    Dim AssDraFileFullName As String          '文件(装配体或工程图)的全路径名称
    If OpenFileDialog1.ShowDialog()=Windows.Forms.DialogResult.OK Then
        '获得所选择的文件(装配体或工程图)的全路径名称
        AssDraFileFullName=OpenFileDialog1.FileName
        '将文件的全路径名称赋值给 FileFullName 控件，显示在可视化界面上
        FileFullName.Text=AssDraFileFullName
    Else
        Exit Sub
    End If
End Sub
```

```
    Private Sub ChaZCKWJ_Click(sender As System.Object,e As System.EventArgs)
  Handles ChaZCKWJ.Click
        Dim swApp As New SldWorks.SldWorks
        Dim swModel As SldWorks.ModelDoc2
        Dim nDocType As Integer     '文档类型(1:零件文档;2:装配体文档;3:工程图文档)
        Dim errors As Long
        Dim waring As Long
        swApp.Visible=True
        '打开 SolidWorks 文档(装配体或工程图),并获得文档类型
        If InStr(LCase(FileFullName.Text),"sldprt") >  0 Then
            MsgBox("请选择装配体或工程图")
            Exit Sub
        ElseIf InStr(LCase(FileFullName.Text),"sldasm") >  0 Then
            nDocType=2
        ElseIf InStr(LCase(FileFullName.Text),"slddrw") >  0 Then
            nDocType=3
        Else
            Exit Sub
        End If

      swModel=swApp.OpenDoc6(FileFullName.Text,nDocType,0,"",errors,waring)
        Dim vDepend() As String        '定义一个数组用来接收参考文件的路径和路径名
        Dim i As Long
        Dim Name_CanKWJ As String                              '参考文件名
        Dim PathName_CanKWJ As String                          '参考文件路径名
        vDepend=swModel.GetDependencies2(True,True,True) '获得参考文件的路径和路径名
        CanKWJLJ.Text=String.Empty                             '清空参考文件的原始值
        CanKWJLJ.Text=swModel.GetPathName                      '获得文档的路径名
        '遍历所有的参考文件
        For i=0 To (UBound(vDepend) - 1) / 2
            Name_CanKWJ=vDepend(2 * i)                         '获得参考文件名
            PathName_CanKWJ=vDepend(2 * i + 1)                 '获得参考文件路径名
              '输出参考文件名/文件路径名到 CanKWJLJ 控件中显示信息
            CanKWJLJ.Text=CanKWJLJ.Text + Chr(10) + "     " + vDepend(2 * i) + " -
  ->" +vDepend(2 * i + 1)
         Next i
    End Sub
```

2.8　文档的自定义属性

文档的自定义属性信息分为针对文件和针对配置两种。针对文件是指对模型的所有配置其值相同;针对配置是不同的配置设置不同的属性值。

(1) 获取当前配置名主要通过 ActiveConfiguration 对象及其方法实现。

```
IConfigurationManager::ActiveConfiguration
swSelMgr=ModelDoc2.SelectionManager
```

ActiveConfiguration 对象的返回值和参数特性如表 2-11 所示。

表 2-11　ActiveConfiguration **中参数含义**

类型	参数	含义
输出	swSelMgr	指向 Dispatch 对象的指针,该文件的 SelectionMgr 对象

函数功能:获取当前配置的配置名。

(2) 添加、设置、删除自定义属性主要通过 CustomPropertyManager 对象及其方法实现。

```
IModelDocExtension::CustomPropertyManager
retval=IModelDocExtension.CustomPropertyManager
```

CustomPropertyManager 对象的返回值和参数特性如表 2-12 所示。

表 2-12　CustomPropertyManager **中参数含义**

类型	参数	含义
输入	(String)ConfigName	配置名称
输出	(Boolean)retval	添加成功返回 True,失败返回 False

函数功能:对配置中的属性进行编辑,如添加、设置、删除等。

说明:在添加、设置自定义属性时,要注意设置自定义属性的类型。如文字、数值、日期等。

【例 2.5】 该实例说明如何获取当前配置属性名称、类型、属性值和解析值。也说明了如何将自定义属性添加到配置中和将属性从配置中删除。添加新的自定义属性的对比图如图 2-1 到图 2-4 所示(实例位置:资源包\源码\第二章\实例 2.5)。

```
Imports SldWorks
Dim swConfigMgr As SldWorks.ConfigurationManager
                              '声明配置管理 ConfigurationManager 对象
```

```
    Dim swConfig As SldWorks.Configuration              '声明配置 Configuration 对象
    Dim swCustPropMgr As SldWorks.CustomPropertyManager
                                          '声明自定义属性 CustomPropertyManager 对象
    Dim nNbrProps As Long                 '声明自定义属性数量
    Dim retVal As Long                    '声明自定义属性的返回值
    Dim vPropNames As Object              '声明自定义属性的名称
    Dim valOut As String
    Dim resolvedValOut As String          '声明属性值
    Dim custPropType As Long              '声明属性值类型为 long 类型
    Dim Tr_stPropType As String           '声明属性值类型为 string 类型(将 Long 类型转
                                           换到对应的字符串类型)
    Private Sub Form1_Load(sender As System.Object,e As System.EventArgs)
  Handles MyBase.Load
        ListView1.Items.Clear()           '清空 ListView1 的 Items 集合
        '新增 ListView1 一列,列标题为属性名,宽度为 80,水平中心对齐
        ListView1.Columns.Add("属性名",80,HorizontalAlignment.Center)
        '新增 ListView1 一列,列标题为属性类型,宽度为 80,水平中心对齐
        ListView1.Columns.Add("属性类型",80,HorizontalAlignment.Center)
        '新增 ListView1 一列,列标题为属性值,宽度为 100,水平中心对齐
        ListView1.Columns.Add("属性值",100,HorizontalAlignment.Center)
        ListView1.View=System.Windows.Forms.View.Details
    End Sub
    Private Sub XuanZWD_Click(sender As System.Object,e As System.EventArgs)
  Handles XuanZWD.Click
        If OpenFileDialog1.ShowDialog()=Windows.Forms.DialogResult.OK Then
            FileFullName.Text=OpenFileDialog1.FileName
                                              '选择的文档名,并赋值给 FileFullName 控件
        End If
    End Sub
    Private Sub HuoQDQPZM_Click(sender As System.Object,e As System.EventArgs)
  Handles HuoQDQPZM.Click
        Dim swApp As New SldWorks.SldWorks '声明并实例化 SldWorks 对象
        Dim swModel As SldWorks.ModelDoc2  '声明 ModelDoc2 对象
        Dim nDocType As Integer            '声明文档类型
        Dim errors As Long
        Dim waring As Long
        swApp.Visible=True
```

```
'根据文档名判断出选择的文档类型
If InStr(LCase(FileFullName.Text),"sldprt") > 0 Then
    nDocType=1                          '零件文档
ElseIf InStr(LCase(FileFullName.Text),"sldasm") > 0 Then
    nDocType=2                          '装配体文档
ElseIf InStr(LCase(FileFullName.Text),"slddrw") > 0 Then
    nDocType=3                          '工程图文档
End If
'打开选择的文档,并赋给 ModelDoc2 对象
swModel=swApp.OpenDoc6(FileFullName.Text,nDocType,0,"",errors,waring)
swConfigMgr=swModel.ConfigurationManager
swConfig=swConfigMgr.ActiveConfiguration
PeiZM.Text=swConfig.Name                '获得配置名
swCustPropMgr=swConfig.CustomPropertyManager
nNbrProps=swCustPropMgr.Count           '获得此配置的自定义属性数量
Label2.Text="当前配置的自定义属性数量为:"&nNbrProps -1
vPropNames=swCustPropMgr.GetNames       '获取自定义属性的名称
'声明一个 ListViewItem 对象,其下限值为属性值的数量-1 个
'(这里由于会读出 SolidWorks 属性的值,所以需要将其除去)
Dim lis(nNbrProps -1 -1) As ListViewItem
ShuXM.Items.Clear()                     '清空 ShuXM 控件的 Items 集合
'遍历每个属性,并将其显示在 ListView 控件中出来
For j=0 To nNbrProps -1
    swCustPropMgr.Get2(vPropNames(j),valOut,resolvedValOut)
    If swCustPropMgr.GetType2(vPropNames(j))=30 Then
        Tr_stPropType="文本"            '属性类型 30 对应 SolidWorks 文本
    ElseIf swCustPropMgr.GetType2(vPropNames(j))=64 Then
        Tr_stPropType="日期"            '属性类型 64 对应 SolidWorks 日期
    ElseIf swCustPropMgr.GetType2(vPropNames(j))=11 Then
        Tr_stPropType="是或否"          '属性类型 11 对应 SolidWorks 是或否
    ElseIf swCustPropMgr.GetType2(vPropNames(j))=3 Or swCustPropMgr.
GetType2(vPropNames(j))=5 Then
        Tr_stPropType="数字"            "属性类型 3 或 5 对应 SolidWorks 数字
    End If
    '将 SolidWorks 对应的无属性去除,添加到 ListView 控件中
    If vPropNames(j).ToString < > "UNIT_OF_MEASURE" Then
        lis(j -1)=New ListViewItem(vPropNames(j).ToString,j.ToString())
                                        '添加属性名到第一列
```

```
                lis(j -1).SubItems.Add(Tr_stPropType)       '添加属性类型到第二列
                lis(j -1).SubItems.Add(resolvedValOut)      '添加属性值到第三列
            ShuXM.Items.Add(vPropNames(j).ToString) '将获取到的属性名添加到 ShuXM
                                                     控件中
            End If
        Next j
        ListView1.Items.Clear()                              '清空 ListView1 的 Items 集合
        '将读取到的属性名,属性类型,属性值添加到 ListView1.Items 集合当中
        ListView1.Items.AddRange(lis)
    End Sub
    Private Sub TianJZDYSX_Click(sender As System.Object, e As System.EventArgs)
Handles TianJZDYSX.Click
        Dim CustNames As String                              '声明自定义属性名
        Dim CustValues As Integer                            '声明自定义属性名的属性值
        Dim CustType As Long                                 '声明自定义属性名的属性类型
        CustNames=ShuXM.Text                                 '需要添加的自定义属性名
        CustValues=ShuXZ.Text                                '需要添加的自定义属性名的属性值
        '将自定义属性的字符串类型转换为 Add2 API 函数可识别的 Long 类型
        If ShuXLX.Text="文字" Then
            CustType=30
        ElseIf ShuXLX.Text="是或否" Then
            CustType=11
        ElseIf ShuXLX.Text="日期" Then
            CustType=64
        ElseIf ShuXLX.Text="" Then
            CustType=5
        Else
            CustType=3
        End If
        retVal=swCustPropMgr.Add2(CustNames,CustType,CustValues)
                                                             '将自定义属性添加到此配置
        nNbrProps=swCustPropMgr.Count                        '获得此时配置的自定义属性数量
        Label2.Text="当前配置的自定义属性数量为:" &nNbrProps - 1
        vPropNames=swCustPropMgr.GetNames                    '获取自定义属性的名称
        Dim lis(nNbrProps - 2) As ListViewItem
        ShuXM.Items.Clear()                                  '清空 ShuXM 控件的 Items 集合
        For j=0 To nNbrProps - 1
            swCustPropMgr.Get2(vPropNames(j),valOut,resolvedValOut)
```

```
        custPropType=swCustPropMgr.GetType2(vPropNames(j))
        If vPropNames(j).ToString <> "UNIT_OF_MEASURE" Then
  lis(j - 1)=New ListViewItem(vPropNames(j).ToString,j.ToString())
  lis(j - 1).SubItems.Add(custPropType)
  lis(j - 1).SubItems.Add(resolvedValOut)
            ShuXM.Items.Add(vPropNames(j).ToString)
                                          '将获取到的属性名添加到 ShuXM 控件中
        End If
     Next j
     ListView1.Items.Clear()
     ListView1.Items.AddRange(lis)
  End Sub
  Private Sub DuQHSZZDYSX_Click(sender As System.Object,e As System.EventArgs)
Handles DuQHSZZDYSX.Click
     Dim CustNames As String              '声明自定义属性名
     Dim CustValues As Integer            '声明自定义属性名的属性值
     CustNames=ShuXM.Text                 '需要添加的自定义属性名
     CustValues=ShuXZ.Text                '需要添加的自定义属性名的属性值
     If ShuXLX.Text="文字" Then
        CustValues=30
     ElseIf ShuXLX.Text="是或否" Then
        CustValues=11
     ElseIf ShuXLX.Text="日期" Then
        CustValues=64
     ElseIf ShuXLX.Text="" Then
        CustValues=0
     Else
        CustValues=3
     End If
     retVal=swCustPropMgr.Set(CustNames,CustValues)     '重新给指定的属性赋值
     nNbrProps=swCustPropMgr.Count
     Label2.Text="当前配置的自定义属性数量为:" &nNbrProps - 1
     vPropNames=swCustPropMgr.GetNames    '获取自定义属性的名称
     Dim lis(nNbrProps - 2) As ListViewItem
     ShuXM.Items.Clear()                  '清空 ShuXM 控件的 Items 集合
     For j=0 To nNbrProps - 1
        swCustPropMgr.Get2(vPropNames(j),valOut,resolvedValOut)
```

```
            custPropType=swCustPropMgr.GetType2(vPropNames(j))
            If vPropNames(j).ToString <> "UNIT_OF_MEASURE" Then
                lis(j - 1)=New ListViewItem(vPropNames(j).ToString,j.ToString())
                lis(j - 1).SubItems.Add(custPropType)
                lis(j - 1).SubItems.Add(resolvedValOut)
                ShuXM.Items.Add(vPropNames(j).ToString)
                                                        '将获取到的属性名添加到 ShuXM 控件中
            End If
        Next j
        ListView1.Items.Clear()
        ListView1.Items.AddRange(lis)
    End Sub
    Private Sub ShanCZDZDYSX_Click(sender As System.Object,e As System.EventArgs)
  Handles ShanCZDZDYSX.Click
        Dim CustNames As String
        CustNames=ShuXM.Text
        retVal=swCustPropMgr.Delete(CustNames) '删除指定的属性名
        nNbrProps=swCustPropMgr.Count
        Label2.Text="当前配置的自定义属性数量为:" & nNbrProps - 1
        vPropNames=swCustPropMgr.GetNames          '获取自定义属性的名称
        Dim lis(nNbrProps - 2) As ListViewItem
        ShuXM.Items.Clear()                        '清空 ShuXM 控件的 Items 集合
        '遍历每个属性,并将其显示出来
        For j=0 To nNbrProps - 1
            swCustPropMgr.Get2(vPropNames(j),valOut,resolvedValOut)
            custPropType=swCustPropMgr.GetType2(vPropNames(j))
            If vPropNames(j).ToString <> "UNIT_OF_MEASURE" Then
            lis(j - 1)=New ListViewItem(vPropNames(j).ToString,j.ToString())
            lis(j - 1).SubItems.Add(custPropType)
            lis(j - 1).SubItems.Add(resolvedValOut)
                ShuXM.Items.Add(vPropNames(j).ToString)
                                                        '将获取到的属性名添加到 ShuXM 控件中
            End If
        Next j
        ListView1.Items.Clear()
        ListView1.Items.AddRange(lis)
    End Sub
```

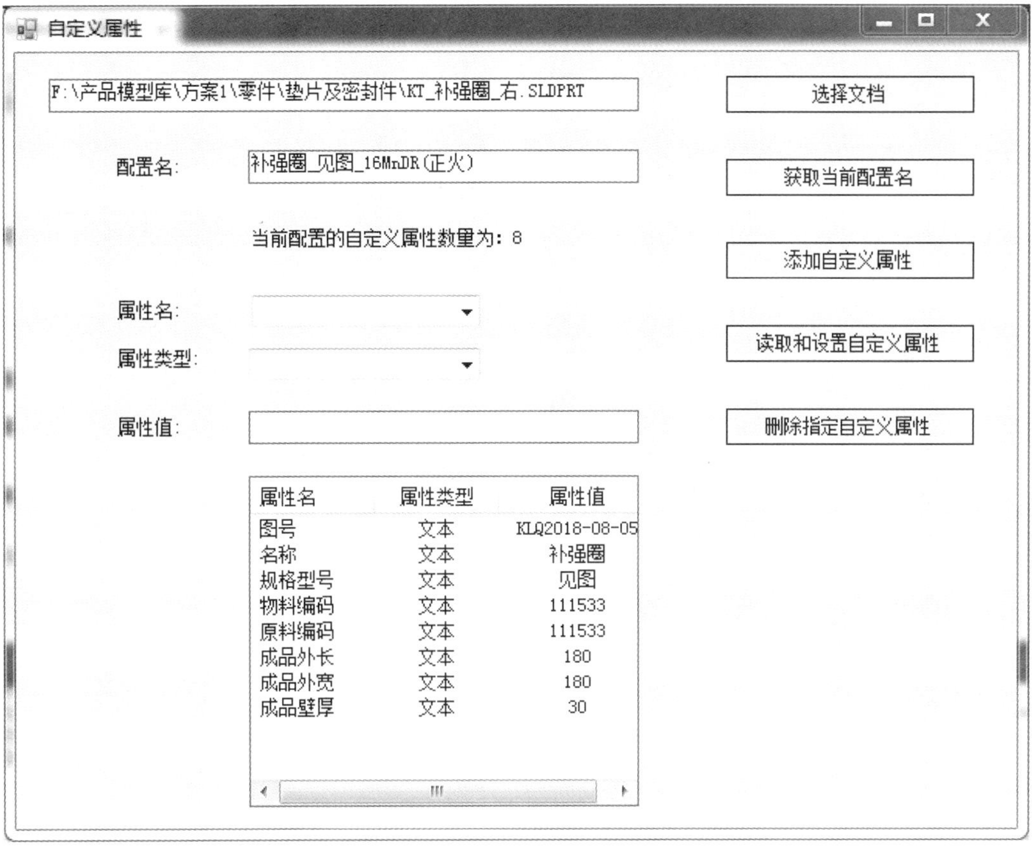

图 2-1　读取到的原文档配置自定义属性信息

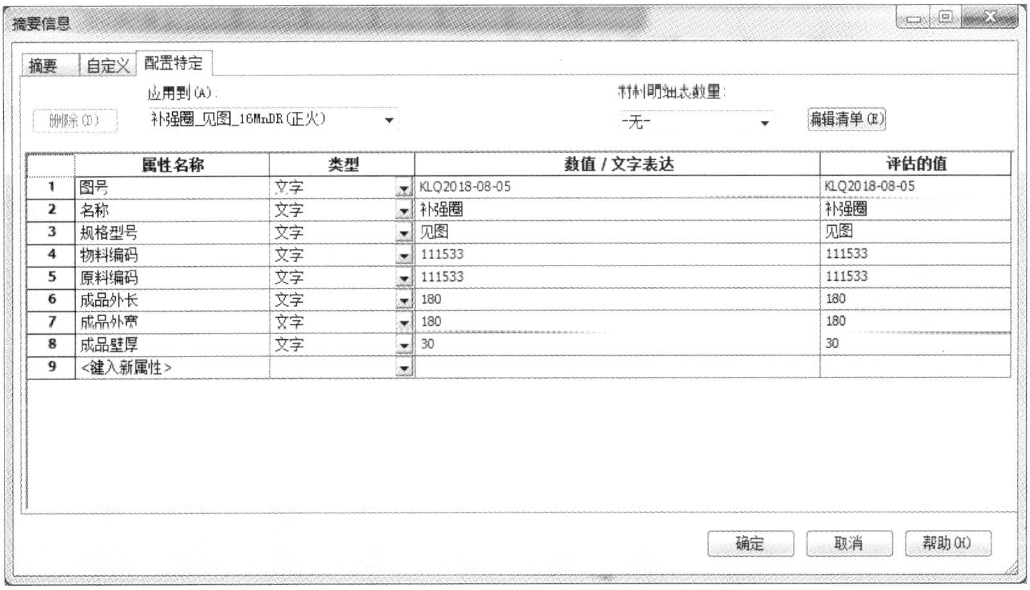

图 2-2　SolidWorks 原文档配置自定义属性信息

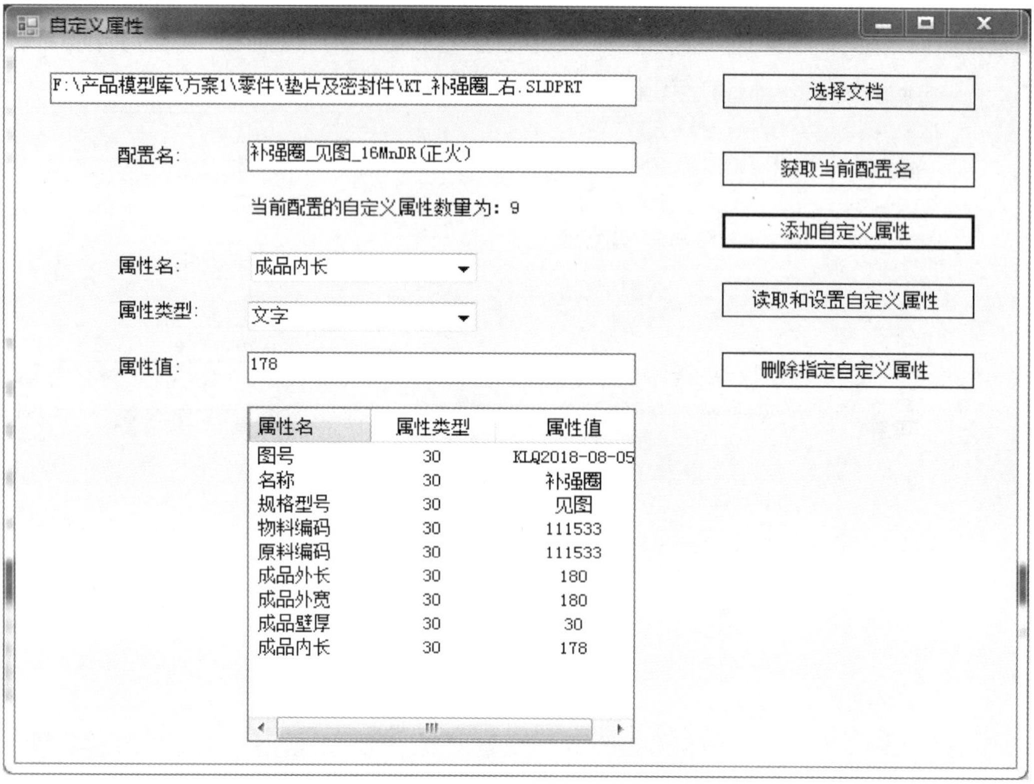

图 2-3　将成品内长属性添加到此配置中

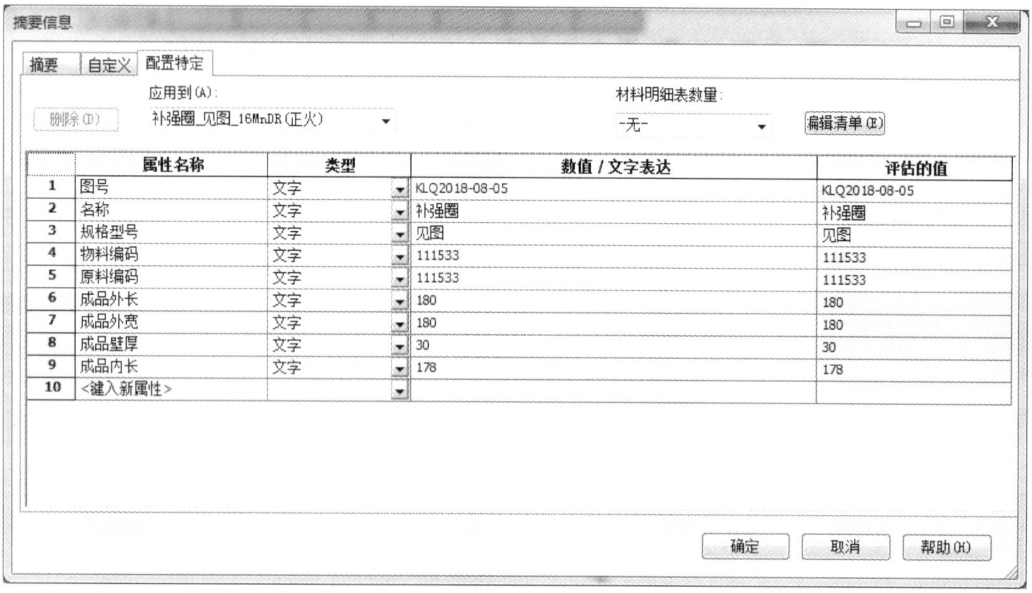

图 2-4　SolidWorks 中添加成品内长属性的配置信息

第3章　对象操作

对象操作是SolidWorks二次开发中使用最多的命令之一，主要包括对象的获取，对象属性的赋值，对象方法的调用。对象的获取主要通过两种方法：一是通过选择命令SelectByID2；二是通过遍历技术。SelectionManager是SolidWorks用户界面中一种专注于管理选中对象的对象接口，文件中任意一个被选中的对象都会暂时存在SelectionManager中，可以通过SelectionManager获取特定的对象。

学习目标

（1）理解SelectByID2命令的使用方法，以及各参数的含义。

（2）使用SelectionManager访问选中对象。

（3）提取并修改特征数据。

（4）遍历特征。

（5）在已知的FeatureManger位置选择特征。

3.1　选择管理器

SelectionManager是SolidWorks用户界面中一种专注于管理选中对象的对象接口。SolidWorks中每一个创建的文件都有各自的SelectionManager属性，使用API可以访问这些属性。文件中任意一个被选中的对象都会暂时存在SelectionManager中。被选中一直被存在那里，直到取消选中或者重建。SelectionManager是从1开始的集合，它的第一个索引是1而不是0。

SelectionManager允许程序员随机访问任意序号的对象的方法和属性。

程序员可以访问指定序号的对象指针调用该对象的方法或属性。

3.2　添加对象到选择管理器

SolidWorks的API是以面向对象思想进行编写的，每一个对象都有其方法和属性。SelectionManager是ModelDoc2对象的一个属性，因此访问SelectionManager时，需要先实例化ModelDoc2类，获得一个ModelDoc的实例。根据面向对象的编程思想，可以通过下面的方式获取一个类的属性：

类.属性

我们通常根据属性返回值的类型定义一个与之对应的变量来接受返回值。

通常用选择命令将对象添加到对象管理器中，其中 SelectByID2 是常用的选择命令，表 3-1 所示是 SelectByID2 中参数含义。

```
ModelDocExtension::SelectByID2
retval=ModelDocExtension. SelectByID2 (Name,Type,X,Y,Z,Append,Mark,
Callout,SelectOption)
```

表 3-1 SelectByID2 **中参数含义**

类型	参数	含义
输入	(String)Name	对象的名字或者空字符串
输入	(String)Type	对象的类型
输入	(Double)X	X 选择位置或 0
输入	(Double)Y	Y 选择位置或 0
输入	(Double)Z	Z 选择位置或 0
输入	(Boolean)Append	图 3-1 说明
输入	(Integer)Mark	将当前选择的作个标记，方便用的时候容易找到出来
输入	(Callout)Callout	指向相关标注的指针
输入	(Integer)SelectOption	选择选项
输出	(Boolean)retval	布尔值，True，表示选择成功；False，表示没选择成功

Append 参数说明如图 3-1 所示。

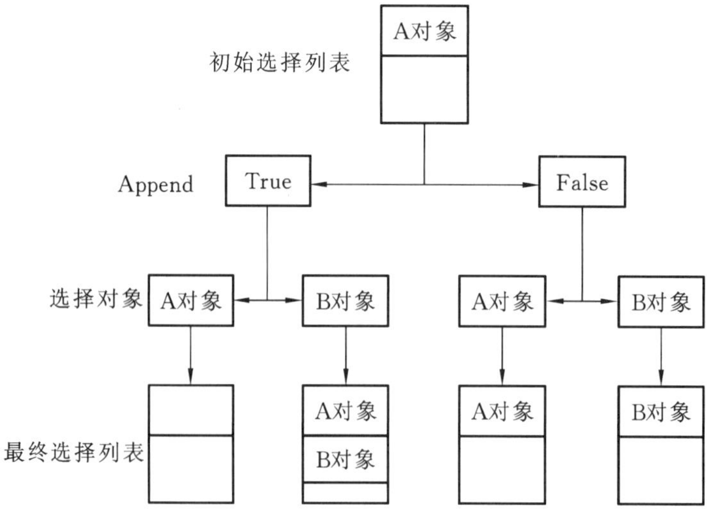

图 3-1 Append **参数说明**

【例 3.1】 选择命令 SelectByID2 的应用(实例位置:资源包\源码\第三章\实例 3.1)。

(1) 在 SolidWork 打开指定文件"资源包\资源文件\三维模型\管板\前管板.SLDPRT"并使其成为当前激活文档。

(2) 选中拉伸草图的关键代码如下:

```
Dim swApp As SldWorks.SldWorks              '声明 SldWorks 对象
Dim swModel As ModelDoc2                    '声明 ModelDoc 对象
Dim swExt As ModelDocExtension              '声明 ModelDocExtension 对象
Dim boolstatue As Boolean                   '声明布尔值

'实例化 swApp 对象
swApp=New SldWorks.SldWorks
'获取当前激活文档给 swModel 对象
swModel=swApp.ActiveDoc
'给 swExt 对象赋值
swExt=swModel.Extension
'执行选择命令
boolstatue=swExt.SelectByID2("拉伸草图","SKETCH",0,0,0,False,0,Nothing,0)

'输出选择结果
If boolstatue=True Then
    MsgBox("拉伸草图被选中")
Else
    MsgBox("拉伸草图未被选中")
End If
```

因为选择管理器 SelectionManager 是自动将选中的对象添加到管理器中,因此不需要用添加命令将选中对象添加到选择管理器中。

3.3 访问选择管理器

要获得指向 SelectionManager 对象的接口指针,需要使用属性,其返回值及含义如表 3-2 所示。

```
ModelDoc2::SelectionManager
swSelMgr=ModelDoc2.SelectionManager
```

表 3-2 SelectionManager **对象接口指针**

类型	参数	含义
输出	(SelectionMgr)swSelMgr	指向 Dispatch 对象的指针,该文件的 SelectionMgr 对象

3.4 访问所选对象的数目

要确定被选中对象的数目，使用 SelectionMgr::GetSelect ObjectCount2 方法，其参数说明如表 3-3 所示。

```
SelectionMgr::GetSelectObjectCount2
retval=SelectionMgr.GetSelectedObjectCount2(Mark)
```

表 3-3 GetSelectedObjectCount2 **中参数含义**

类型	参数	含义
输入	(Integer)Mark	标号值
输出	(Integer)retval	返回被选中的数目

Mark 参数说明：

(1) Mark=-1 时，选择所有(无论是否包含被标记)。

(2) Mark=0 时，选择被标记的。

(3) Mark=其他值时，选择指定标记值的对象。

在 3.2 中我们了解到 SelectByID2 中的参数 Mark，此处的 Mark 参数和 SelectById2 是对应关系。

【例 3.2】 选择命令 GetSelectedObjectCount2 的应用(实例位置：资源包\源码\第三章\实例 3.2)。

(1) 在 SolidWorks 打开指定文件"资源包\资源文件\三维模型\管板\前管板.SLDPRT"并使其成为当前激活文档。

(2) 获取选中的数量，关键代码如下：

```
Dim swApp As SldWorks                '声明 SldWorks 对象
Dim swModel As ModelDoc2             '声明 ModelDoc 对象
Dim swSelMgr As SelectionMgr         '声明选择管理器
Dim count As long                    '声明选择对象数目

'实例化 swApp 对象
swApp=New SldWorks
'获取当前激活文档给 swModel 对象
swModel=swApp.ActiveDoc
'给选择管理器对象赋值
swSelMgr=swModel.SelectionManager

'获取选择对象的数目
count=swSelMgr.GetSelectedObjectCount2(-1)
```

```
'判断获得选择数目结果

If count <> 0 then
    Msgbox("选中的对象数目为:"+ count.ToString)
End If
```

3.5　访问被选中对象

选择管理器是专注于管理被选中对象的对象接口。选择管理器就像一个容器，操作过程中的选择命令都会将对象添加到选择管理器中。在选择管理器容器中，该如何取出我们需要的对象呢？要想获得被选中对象的接口指针，这需要用到 SelectionMgr::GetSelectedObject6 方法，其参数及含义如表 3-4 所示。

```
SelectionMgr::GetSelectedObject6
retval=SelectionMgr. GetSelectedObject6(Index,Mark)
```

表 3-4　GetSelectedObject6 中参数含义

类型	参数	含义
输入	(Integer)Index	当前选中对象列表的索引位置，范围是从 1 到 SelectinMgr::GetSelectObjectCount2
输入	(Integer)Mark	要过滤的标号值
输出	(Object)retval	指向 Dispatch 对象指针

在应用 GetSelectedObject6 时，我们需要先知道结果的返回类型，然后定义相应类型的对象来接收 GetSelectedObject6 返回的值。

【例 3.3】 选择命令 GetSelectedObject6 的应用（实例位置：资源包\源码\第三章\实例 3.3）。

(1) 在 SolidWorks 打开指定文件“资源包\资源文件\三维模型\管板\前管板.SLDPRT”并使其成为当前激活文档。

(2) 获取选择对象的指针的关键代码如下：

```
Dim swApp As SldWorks                    '声明 SldWorks 对象
Dim swModel As ModelDoc2                 '声明 ModelDoc2 对象
Dim swSelMgr As SelectionMgr             '声明选择管理器
Dim swFeat As Feature                    '声明 Feature 对象
```

```
'实例化 swApp 对象
swApp=New SldWorks
'获取当前激活文档给 swModel 对象
swModel=swApp.ActiveDoc
'给选择管理器对象赋值
swSelMgr=swModel.SelectionManager

'给 swFea 对象赋值
swFeat=swSelMgr.GetSelectedObject6(1,-1)

'判断获取是否成功
If swFeat IsNot Nothing Then
   MsgBox(swFeat.Name)
End If
```

3.6 获得选中对象类型

使用 SelectionMgr::GetSelectedObjectType3 方法确定选中对象的类型,其参数及含义如表 3-5 所示。

```
SelectionMgr::GetSelectedObjectType3
retval=SelectionMgr.GetSelectedObjectType3 (Index,Mark)
```

表 3-5 GetSelectedObjectType3 **中参数含义**

类型	参数	含义
输入	(Integer)Index	当前选中对象列表的索引位置,范围是:从 1 到 SelectionMgr::GetSelectedObjectCount2
输入	(Integer)Mark	见下面关键参数说明
输出	(Integer)retval	返回的是枚举值,各枚举值的含义见 API 帮助文件的完整列表

关键参数 Mark 说明:

(1) Mark=-1,选择所有(无论是否包含被标记)。

(2) Mark=0,选择被标记的。

(3) Mark=其他值,选择指定标记值的对象。

注意:如果返回的目标是一个特征,使用 Feature::GetTypeName 来确定特征类型。

3.7　获得特征类型

在 SolidWorks 中，特征的类型有很多，例如拉伸、切除、草图、配合等，在选择管理器中可以通过判断特征的类型获得我们想要的对象。通常使用 Feature::GetTypeName 方法确认一个特定的特征被选中，其参数及含义如表 3-6 所示。

```
Feature::GetTypeName
retval=Feature.GetTypeName()
```

表 3-6　GetTypeName 中参数含义

类型	参数	含义
输出	(String)retval	特征类型，见 API 帮助文件的完整列表

【例 3.4】　获得所选中对象类型 GetSelectedObjectType3 和获得特征类型 GetTypeName 的应用（实例位置：资源包\源码\第三章\实例 3.4）。

（1）在 SolidWorks 打开指定文件“资源包\资源文件\三维模型\管板\前管板.SLDPRT”并使其成为当前激活文档。

（2）GetSelectedObjectType3 和 GetTypeName 的关键代码如下：

```
Dim swApp As SldWorks                    '声明 SldWorks 对象
Dim swModel As ModelDoc2                 '声明 ModelDoc 对象
Dim swSelMgr As SelectionMgr             '声明选择管理器
Dim swSelObjType As Long                 '声明 long 整型变量
Dim swFeature As Feature                 '声明特征对象

'实例化 swApp 对象
swApp=New SldWorks
'获取当前激活文档给 swModel 对象
swModel=swApp.ActiveDoc
'给选择管理器对象赋值
swSelMgr=swModel.SelectionManager

'获取选择对象类型
swSelObjType=swSelMgr.GetSelectedObjectType3(1,-1)

'判断获取是否成功
```

```
If swSelObjType <> 0 Then
MsgBox("你选择对象的枚举值为:" & swSelObjType & Chr(13) + Chr(10) & "具体含义请
查看 API 帮助文档")
End If

'获取特征对象类型
swFeature=swSelMgr.GetSelectedObject6(1,-1)

'获取特征的名字
If swFeature IsNot Nothing Then
  MsgBox("你选择特征对象的类型为:" & swFeature.GetTypeName)
End If
```

3.8 特征数据对象

SolidWorks FeatureManager 设计树中的每一个特征都可在 API 获取相应的 FeatureData 对象。Feature 对象描述所有特征都具有的方法和属性。FeatureData 对象是更特殊的对象，它暴露特定的特征类型的功能。

3.9 访问特征数据对象

使用 Feature::GetDefinition 方法可以从 Feature 对象返回指向 FeatureData 对象的指针，其参数说明如表 3-7 所示。

```
Feature::GetDefinition
retval=Feature.GetDefinition()
```

表 3-7 GetDefinition 中参数含义

类型	参数	含义
输出	(Object)retval	指向特征数据对象 Dispatch 指针，见 API 帮助文件的完整特征数据对象列表

3.10 修改特征数据

在访问特征数据对象后，通常需要修改里面的特征参数进行模型的更新。Feature::ModifyDefinition 方法用来重建模型，其参数说明如表 3-8 所示。

```
Feature::ModifyDefinition
retval=Feature.ModifyDefinition(Definition,TopDoc,Component)
```

表 3-8 ModifyDefinition **中参数含义**

类型	参数	含义
输入	(Object)Definition	Dispatch 指针指向特征定义对象
输入	(Object)TopDoc	顶层文件
输入	(Object)Component	特征所在部件
输出	(Boolean)retval	True 表示特征成功对象，False 为失败

【例 3.5】 通过访问特征对象修改特征数据并更新模型（实例位置：资源包\源码\第三章\实例 3.5）。

（1）在 SolidWorks 打开指定文件“资源包\资源文件\三维模型\管板\前管板.SLDPRT”并使其成为当前激活文档。

（2）选择前管板界面拉伸特征。

具体代码如下：

```
Dim swApp As SldWorks                                '声明 SldWorks 对象
Dim swModel As ModelDoc2                             '声明 ModelDoc 对象
Dim swSelMgr As SelectionMgr                         '声明选择管理器
Dim swFeature As Feature                             '声明特征对象
Dim ExtrudeFeatureData As ExtrudeFeatureData         '声明拉伸特征数据对象
Dim count As Integer                                 '声明选择对象数目
Dim sngFactor As Single                              '定义拉伸因子
Dim sngDepth As Single                               '定义拉伸深度
Dim retval As Boolean                                '定义布尔值

'将界面的拉伸因子赋给 sngFactor 变量
sngFactor=CSng(Val(ComboBox1.Text))
```

```
'实例化 swApp 对象
swApp=New SldWorks
'获取当前激活文档给 swModel 对象
swModel=swApp.ActiveDoc
'给选择管理器对象赋值
swSelMgr=swModel.SelectionManager

'获取选择对象类型
count=swSelMgr.GetSelectedObjectCount2(-1)
'判断是否选中特征
If count > 1 Then
    MsgBox("选择拉伸特征失败,请选择拉伸特征")
    Exit Sub
End If

'获取特征对象类型
swFeature=swSelMgr.GetSelectedObject6(count,-1)
'判断选择的特征是否是拉伸特征
If Not swFeature.GetTypeName="Extrusion" Then
    MsgBox("请选择拉伸特征")
    Exit Sub
End If

'获取拉伸特征数据
ExtrudeFeatureData=swFeature.GetDefinition
'获取原来的拉伸深度
sngDepth=ExtrudeFeatureData.GetDepth(True)
'改变拉伸深度
ExtrudeFeatureData.SetDepth(True,sngDepth * sngFactor)

'完成更新
retval=swFeature.ModifyDefinition(ExtrudeFeatureData,swModel,Nothing)
```

3.11　实例应用:选择对象与遍历特征

选择对象与遍历技术在 SolidWorks 二次开发过程中应用非常广泛，下面再通过两个具体的实例来说明选择对象与遍历的应用。

【例 3.6】 通过修改草图里面的点坐标更新前管板模型里面的换热管阵列(实例位置:资源包\源码\第三章\实例 3.6)。

例 3.6 的窗体界面如图 3-2 所示。

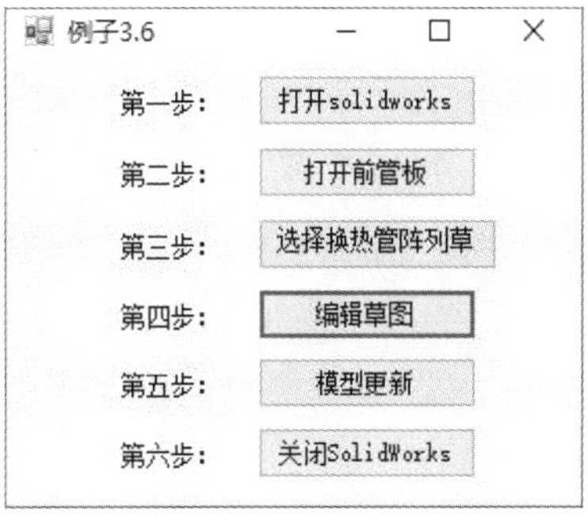

图 3-2　例 3.6 的窗体界面

(1) 声明公共变量，导入命名空间。导入命名空间是为了更方便声明对象。

```
'导入命名空间
Imports SolidWorks.Interop.sldworks
Imports System.IO
Public Class Form1
    '定义公共变量
    Private swAPP As SldWorks                  '声明 SolidWorks 对象
    Private swModel As ModelDoc2               '声明 ModelDoc2 对象
    Private swSelMgr As SelectionMgr           '声明选择管理器对象
End Class
```

(2) 打开 SolidWorks。点击打开 SolidWorks 按钮，编写下面代码，该部分主要功能是建立起和 SolidWorks 连接。

```
Private Sub Button5_Click(ByVal sender As System.Object, ByVal e As System.
EventArgs) Handles Button5.Click
    '实例化 SolidWorks 对象
    swAPP=New SldWorks

    '设置 SolidWorks 可见
    swAPP.Visible=True
End Sub
```

(3) 打开前管板。点击打开前管板按钮，编写下面代码，该部分的代码主要分为两步骤:

步骤 1　根据项目当前路径获取将要打开的文件路径。

步骤 2　利用 OpenDoc6 命令打开指定模型。

```
  Private Sub Button2_Click(ByVal sender As System.Object,ByVal e As System.
EventArgs) Handles Button2.Click
        Dim strMypath As String                      '定义当前项目路径
        Dim strFileName As String                    '定义指定模型路径
        Dim strArr As String()                       '定义字符串分割接受数组
        Dim intstatus As Integer                     '定义打开命令状态值
        Dim intwarnings As Integer                   '定义打开命令警告值

        '获取当前项目的路径
        strMypath=My.Application.Info.DirectoryPath
        '将 strMyPath 按照特定字符进行分割
        strArr=Split(strMypath,"源码")
        '判断分割结果是否是符合要求的
        If strArr.Length=0 Then
            MsgBox("模型路径不对,请检查")
        End If
        '获取前管板的路径
        strFileName=strArr(0) + "资源文件\三维模型\管板\前管板.SLDPRT"
        '检测文件是否存在
        If File.Exists(strFileName)=False Then
            MsgBox("该文件:" & strFileName & Chr(13) & Chr(10) & "不存在,请检查")
            Exit Sub
        End If

        '打开指定的文件并给 swModel 赋值
        swModel=swAPP.OpenDoc6(strFileName,1,0,"",intstatus,intwarnings)

        '判断指定模型是否打开
        If swModel Is Nothing Then
            MsgBox("模型打开失败,请检查")
            Exit Sub
    End If
  End Sub
```

(4) 选择拉伸草图。点击选择换热管阵列草图按钮,编写下面代码,该部分的主要功能是通过 SelectByID2 将换热管阵列草图添加到选择管理器中,方便后面在选择管理器中获取该草图指针。

```
  Private Sub Button3_Click(ByVal sender As System.Object,ByVal e As System.
EventArgs) Handles Button3.Click
```

```
    Dim blnStatue As Boolean          '定义选择命令的结果布尔值

    '判断 swModel 是否为有效
    If swModel Is Nothing Then
        MsgBox("swModel 的对象为空,请检查模型是否被打开?")
        Exit Sub
    End If

    '选择草图
    blnStatue=swModel.Extension.SelectByID2("换热管阵列草图","SKETCH",0,0,
0,False,0,Nothing,0)

    '判断选择命令是否成功
    If blnStatue=False Then
        MsgBox("换热管阵列草图失败")
        Exit Sub
    End If
End Sub
```

(5) 编辑草图。点击编辑草图按钮,编写下面代码,该部分代码运行步骤如下:

步骤 1 获取管板的外径尺寸,并作为后面点阵生成的参考值。

步骤 2 通过选择管理器 GetSelectedObject6 命令获取草图对象。

步骤 3 删除草图里面原来的点,并利用自定义函数 getSketchPoint 生成新的草图点的集合。

步骤 4 通过 CreatePoint 命令将新生成的点绘制在换热管阵列草图上,生成新的模型。

注意:在运行下面代码时,需要在 SolidWorks 中系统选项\草图\几何关系\捕捉中关闭激活捕捉选项。

```
Private Sub Button1_Click(ByVal sender As System.Object,ByVal e As System.
EventArgs) Handles Button1.Click
    Dim SketchFeature As Feature                    '声明草图特征
    Dim swSketch As Sketch                          '声明草图对象
    Dim swSketchPt As SketchPoint                   '声明草图点对象
    Dim blnstatue As Boolean                        '定义布尔值
    Dim sngdiam As Single                           '定义管板直径
    Dim swDim As Dimension                          '声明尺寸对象
    Dim objConfigNames As Object                    '声明配置名称

    '判断 swModel 是否为有效
```

```
    If swModel Is Nothing Then
        MsgBox("swModel 的对象为空,请检查模型是否被打开?")
        Exit Sub
    End If

    '获取模型配置名称
    objConfigNames=swModel.GetConfigurationNames
    '获取特定尺寸
    swDim=swModel.Parameter("管板直径@拉伸草图")
    '获取尺寸的值
    sngdiam=swDim.GetSystemValue3(1,objConfigNames)(0)

    '获取打开模型的选择管理器
    swSelMgr=swModel.SelectionManager
    '获取选择草图特征
    SketchFeature=swSelMgr.GetSelectedObject6(1,0)
    swSketch=SketchFeature.GetSpecificFeature2
    '编辑草图
    swModel.EditSketch()

    '删除草图里面原来的点
    blnstatue=swModel.Extension.SketchBoxSelect(-sngdiam*2000,-sngdiam
*2000,0,sngdiam*2000,sngdiam*2000,0)
    swModel.EditDelete()

    '将更新草图里面的点
    swModel.ShowNamedView2("*前视",1)
    Dim ptfsketch AsPointF()
    ptfsketch=getSketchPoint(sngdiam*1000/2,100)
    For i=0 To UBound(ptfsketch)
      swSketchPt=swModel.SketchManager.CreatePoint(ptfsketch(i).X/1000,
ptfsketch(i).Y/1000,0.0#)
    Next

    '退出草图
    swModel.InsertSketch2(True)
End Sub
```

上面代码中用到的 getSketchPoint 函数如下:

```
Function getSketchPoint(ByVal R As Single,ByVal count As Single) As PointF()
    Dim x As Single                          '点的横坐标
    Dim y As Single                          '点的纵坐标
    Dim lstPoint As New List(Of PointF)      '定义 PointF 列表
    Dim ptf As PointF                        '定义点

    '将符合要求的点添加到 PointF 中
    Do While lstPoint.Count < count
        '随机产生 X
        'Randomize()
        x=R * (2 * Rnd() - 1)
        '随机产生 Y
    Randomize()
        y=R * (2 * Rnd() - 1)
        '将符合要求的点添加到 list 列表
        If (x^2 + y^2)^0.5 < R-R / 32 Then
            ptf.X=x
            ptf.Y=y
            lstPoint.Add(ptf)
          End If
    Loop

    '返回函数结果
    Return lstPoint.ToArray
End Function
```

(6) 模型更新。点击模型更新按钮，编写下面代码。

```
Private Sub Button4_Click(ByVal sender As System.Object,ByVal e As System.
EventArgs) Handles Button4.Click
    '判断 swModel 是否为有效
    If swModel Is Nothing Then
        MsgBox("swModel 的对象为空，请检查模型是否被打开？")
        Exit Sub
    End If

    '重建模型
    swModel.EditRebuild3()
    swModel.Save()
End Sub
```

（7）关闭 SolidWorks。在程序完成后，需要关闭 SolidWorks。

```
Private Sub Button6_Click(ByVal sender As System.Object, ByVal e As System.
EventArgs) Handles Button6.Click
    '释放 swModel 对象
    If swModel Is Not Nothing Then
        swModel=Nothing
    End If

    '释放 swAPP 对象
    If swAPP Is Not Nothing Then
          swAPP.ExitApp()
          swAPP=Nothing
    End If
End Sub
```

在实际开发过程中，我们经常遍历 FeatureManager 设计树。遍历设计树的时候，需要建立一个循环。在进入循环之前，调用 ModelDoc2::FirstFeature 方法返回 FeatureManager 设计树中第一个特征指针，其参数说明如表 3-9 所示。

```
ModelDoc2::FirstFeature
retval=ModelDoc2.FirstFeature( )
```

表 3-9　返回第一个特征指针

类型	参数	含义
输出	(Feature)retval	Dispatch 对象指针，指向文件中的第一指针

在循环中调用方法 Feature::GetNextFeature 以继续遍历过程，其参数说明如表 3-10 所示。

```
ModelDoc2::GetNextFeature
retval=ModelDoc2.GetNextFeature e( )
```

表 3-10　继续进行遍历

类型	参数	含义
输出	(Feature)retval	Dispatch 对象指针，指向文件中的下一个指针

【例 3.7】 通过遍历当前 SolidWorks 激活文档的设计树，并将结果显示出来（实例位置：资源包\源码\第三章\实例 3.7）。

本例的界面如图 3-3 所示。

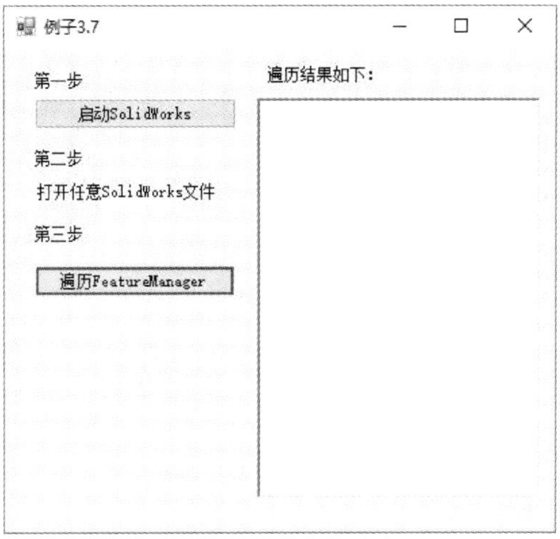

图 3-3　例 3.7 界面

(1) 声明公共变量，导入命名空间。导入命名空间是为了声明对象更方便。代码如下：

```
'导入命名空间
Imports SolidWorks.Interop.sldworks
Public Class Form1
    '定义公共变量
    Private swAPP As SldWorks                    '声明 SolidWorks 对象
    Private swModel As ModelDoc2                 '声明 ModelDoc2 对象
End Class
```

(2) 点击启动 SolidWorks 按钮启动 SolidWorks，建立起和 SolidWorks 之间的连接。代码如下：

```
Private Sub Button3_Click(ByVal sender As System.Object, ByVal e As System.
EventArgs) Handles Button3.Click
    '建立起和 SolidWorks 连接
    swApp=New SldWorks
    '设置可见
    swApp.Visible=True
End Sub
```

(3) 在刚启动的 SolidWorks 中任意打开一个 SolidWorks 文件，并使其成为当前激活文档。

(4) 点击遍历 FeatureManager 按钮，获取设计树信息。代码如下：

```
Private Sub Button1_Click(ByVal sender As System.Object, ByVal e As System.
EventArgs) Handles Button1.Click
```

```
    Dim swFeature As Feature                      '声明 Feature 对象
    Dim strFeatName As String                     '定义特征名字
    Dim strFeatType As String                     '定义特征类型
    Dim strRichText As String                     '定义界面 richtextd 的值
    Dim intMark As Integer                        '定义标记值

    '给变量初始值
    intMark=0
    strRichText=""

    '循环遍历特征
    If swApp IsNot Nothing Then
        swModel=swApp.ActiveDoc
        If swModel IsNot Nothing Then
            swFeature=swModel.FirstFeature
            While swFeature IsNot Nothing
                intMark=intMark + 1
                '获取特征的名字
                strFeatName=swFeature.Name
                '获取特征类型
                strFeatType=swFeature.GetTypeName2
                '将结果存在 strRichText 变量中
                strRichText=strRichText & "序号:" & intMark.ToString & vbCrLf
& "特征名字:" & strFeatName & vbCrLf &"特征类型:" & strFeatType & vbCrLf
                '获取下一个特征
                swFeature=swFeature.GetNextFeature
            End While
        End If

        '释放 swModel 对象
        swModel=Nothing
    End If

    '释放 swApp 对象
    swApp=Nothing

    '将结果显示在界面上
    RichTextBox1.Text=strRichText
End Sub
```

第4章 草图操作

草图绘制在 Solidworks 三维零件的特征生成中是非常重要的。SolidWorks 的变量式设计特性也是在草图绘制中通过指定参数体现的。在进行 SolidWorls 零件设计时，必须先绘制出实体模型的截面草图，再利用拉伸、旋转等命令生成三维实体模型。

4.1 创建草图

在草图操作中，SketchManager 接口提供了草图操作有关的方法，SketchManager 是 ModelDoc2 对象的属性，因此可以通过 ModelDoc2::SketchManager 来获取 SketchManager 对象，其参数含义见表 4-1 所示。

```
ModelDoc2::SketchManager
retval=ModelDoc2.SketchManager
```

表 4-1 获得 SketchManager 对象

类型	参数	含义
输出	(Feature)retval	返回 SketchManager 对象

草图主要包括点、直线、圆、椭圆、矩形和曲线等元素。表 4-2 中列出了常用的元素创建的语法。

表 4-2 常用的草图元素创建方法

命令	含义
SketchManager.CreatePoint(X,Y,Z)	在激活的 2D 草图或 3D 草图里面创建草图点
SketchManager.CreateLine(X1,Y1,Z1,X2,Y2,Z2)	在激活的 2D 草图或 3D 草图上创建直线
SketchManager.CreateCircle(X_C,Y_C,Z_C,Xp,Yp,Zp)	基于圆心点和圆上的点创建圆
SketchManager.CreateCircleByRadius (X_C, Y_C, Z_C, Radius)	基于中心点和指定半径创建圆
SketchManager.CreateEllipse(Xc, Yc, Zc, Xmajor, Ymajor,Zmajor,Xminor,Yminor,Zminor)	基于长半轴上的点，短半轴上的点以及中心点创建椭圆
SketchManager.CreateCornerRectangle(X1, Y1, Z1, X2,Y2,Z2)	基于左上角和右下角两点创建矩形

续表4-2

命令	含义
SketchManager.CreateCenterRectangle(X1, Y1, Z1, X2,Y2,Z2)	基于矩形中心和矩形的任意顶点创建矩形
SketchManager.CreateSpline2(PointData,SimulateNaturalEnds)	基于一系列点的坐标创建样条曲线

下面将以一个综合实例来说明表4-2中常见草图元素的创建过程。

【例4.1】 在草图上创建常见的草图元素(实例位置:资源包\源码\第四章\实例4.1)。

例4.1的界面如图4-1所示。界面是以选项卡的形式显示的,依次是点创建、直线创建、周边圆创建、中心圆创建、椭圆创建、边角矩形创建、中心矩形创建和样条曲线创建。而每一个选项卡里面的内容是创建该元素所必需的数值,例如:创建点的时候需要点的x坐标、y坐标、z坐标。在数值填完后,点击该界面的相应按钮进行该草图元素的创建。

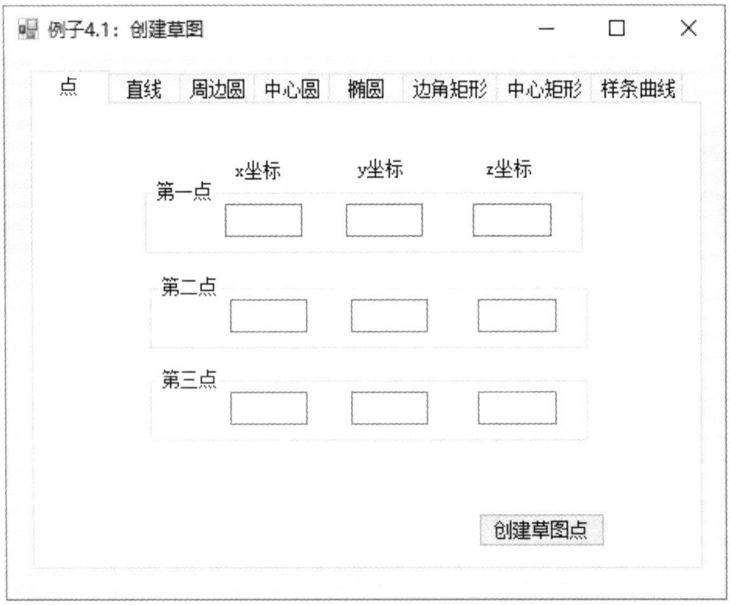

图4-1 创建草图界面

在创建草图元素之前需要导入命名空间和建立起与SolidWorks之间的联系,由于绘制草图的时候需要模板,因此在窗体加载的时候打开一个标准零件模板,具体代码如下:

```
'导入命名空间
Imports SolidWorks.Interop.sldworks
Public Class Form1
    '声明 SldWorks 对象并实例化,且可见。
    Private swApp As New SldWorks With{.Visible=True}
```

```
        '声明 PartDoc 对象
        Private swPartAs PartDoc
    '窗体加载事件
    Private Sub Form1_Load(ByVal sender As System.Object,ByVal e As System.
    EventArgs) Handles MyBase.Load
        '定义模板路径
        Dim strFileName As String
        '给模板路径赋值(备注:模板的路径随 SolidWorks 和安装路径的不同而不同)
        strFileName="C:\ProgramData\SolidWorks\SolidWorks 2013\templates\
gb_part.prtdot"
        swPart=swApp.NewDocument(strFileName,0,0,0)
    End Sub
End Class
```

(1) 草图点的创建。激活界面上名称为点的选项卡片,并填写坐标数据,其主要的步骤分为三步。

步骤 1 打开标准的零件模板。

步骤 2 读取界面上的值。

步骤 3 利用 CreatePoint 命令创建草图点。

```
Private Sub Button1_Click(ByVal sender As System.Object,ByVal e As System.
EventArgs) Handles Button1.Click
    Dim swPart As PartDoc                            '声明 ParDoc 对象
    Dim strFileName As String                        '定义模板路径
    Dim swSketchPoint As SketchPoint                 '声明草图点对象

    给模板路径赋值(备注:模板的路径随 SolidWorks 安装路径的不同而不同)
    strFileName="C:\ProgramData\SolidWorks\SolidWorks 2013\templates\gb_
part.prtdot"
    swPart=swApp.NewDocument(strFileName,0,0,0)

    '获取界面上的值
    Dim arrPoint(2,2) As Single
    '第一个点坐标赋值
    arrPoint(0,0)=CSng(TextBox1.Text) / 1000
    arrPoint(0,1)=CSng(TextBox8.Text) / 1000
    arrPoint(0,2)=CSng(TextBox12.Text) / 1000
    '第二个点坐标赋值
    arrPoint(1,0)=CSng(TextBox3.Text) / 1000
    arrPoint(1,1)=CSng(TextBox2.Text) / 1000
    arrPoint(1,2)=CSng(TextBox4.Text) / 1000
```

```
    '第三个点坐标赋值
    arrPoint(2,0)=CSng(TextBox6.Text) / 1000
    arrPoint(2,1)=CSng(TextBox5.Text) / 1000
    arrPoint(2,2)=CSng(TextBox7.Text) / 1000

    '利用 for 循环创建草图点
    swPart.SketchManager.InsertSketch(True)
    For i=0 To UBound(arrPoint,1)
        swSketchPoint= swPart. SketchManager. CreatePoint (arrPoint (i, 0),
arrPoint(i,1),arrPoint(i,2))
    Next
    swPart.SketchManager.InsertSketch(True)
    '调整视角
    swPart.ShowNamedView2("*前视",1)
End Sub
```

注意:在创建草图的时候,应该先选择参考面,然后在参考面上创建草图。上面的点创建过程之所以没有选择参考面,是因为用这种方式创建草图时,它默认选择前视基准面为参考面。

(2) 直线的创建。直线的创建过程和点的创建类似,所以下面只给出关键代码,完整的代码请参考随书附带的资源。

```
'其中 arrFstLinePoint 和 arrScdinePoint 分别是第一条直线和第二条直线的端点的坐标。
'绘制第一条直线
swSketchSegment= swPart. SketchManager. CreateLine (arrFstLinePoint (0, 0),
                 arrFstLinePoint(0,1),arrFstLinePoint(0,2),arrFstLinePoint
                 (1,0),arrFstLinePoint(1,1),arrFstLinePoint(1,2))
'绘制第二条直线
swSketchSegment= swPart. SketchManager. CreateLine (arrScdinePoint (0, 0),
                 arrScdinePoint(0,1),arrScdinePoint(0,2),arrScdinePoint(1,
                 0),arrScdinePoint(1,1),arrScdinePoint(1,2))
```

(3) 周边圆的创建。周边圆创建的过程和点的创建类似,所以下面只给出关键代码,完整的代码请参考随书附带的资源。

```
'其中 arrCirclePoint 中包含圆心坐标和圆上一点坐标数值。
'绘制周边圆
swSketchSegment= swPart. SketchManager. CreateCircle (arrCirclePoint (0, 0),
                 arrCirclePoint(0, 1), arrCirclePoint (0, 2), arrCirclePoint
                 (1,0),arrCirclePoint(1,1),arrCirclePoint(1,2))
```

(4) 中心圆的创建。中心圆创建的过程和点的创建类似,所以下面只给出关键代码,完整的代码请参考随书附带的资源。

```
'其中 arrCirclePoint 中包含圆心坐标,R 是圆的半径。
'绘制中心圆
swSketchSegment=swPart.SketchManager.CreateCircleByRadius(arrCirclePoint(0),
                    arrCirclePoint(2),arrCirclePoint(2),R)
```

(5) 边角矩形的创建。边角矩形创建的过程和点的创建类似,所以下面只给出关键代码,完整的代码请参考随书附带的资源。

```
Dim swSketchSegment As SketchSegment          '声明 SketchSegment 对象
Dim arrRectUpperleftPoint(2) As Single        '定义矩形左上角坐标
Dim arrRectLowerrightPoint(2) As Single       '定义矩形右下角坐标

'绘制边角矩形
swSketchSegment = swPart. SketchManager. CreateEllipse (arrRectUpperleftPoint
  (0),arrRectUpperleftPoint(1),arrRectUpperleftPoint(2),arrRectLowerrightPoint
  (0),arrRectLowerrightPoint(1),arrRectLowerrightPoint(2))
```

(6) 中心矩形的创建。中心矩形创建的过程和点的创建类似,所以下面只给出关键代码,完整的代码请参考随书附带的资源。

```
Dim swSketchSegment As SketchSegment             '声明 SketchSegment 对象
Dim arrRectCenterPoint(2) As Single              '定义矩形中心点的坐标
Dim arrRectLinePoint(2) As Single                '定义矩形右下角坐标

'绘制中心矩形
swSketchSegment=swPart. SketchManager. CreateEllipse (arrRectCenterPoint (0),
                      arrRectCenterPoint   ( 1 ),   arrRectCenterPoint   ( 2 ),
                      arrRectLinePoint (0), arrRectLinePoint (1), arrRectLinePoint
                      (2))
```

(7) 样条曲线的创建。样条曲线创建的过程和点的创建类似,但要注意在画样条曲线的时候,需要将 PartDoc 转化为 ModelDoc2 对象,否则不会成功。关键代码如下:

```
Dim swSketchSegment As SketchSegment             '声明 SketchSegment 对象
Dim arrRectCenterPoint(8) As Double              '定义点的数组
Dim SimulateNaturalEnds As Boolean=False         '定义布尔值
Dim arrPoint As Object                           '定义点的集合对象
Dim swModelDoc As ModelDoc2                      '声明 ModelDoc2 对象

'将 swPart 转化为 swModel(备注:这里需要将 Part 上升为 Model 对象,否则不能画样条曲线)
swModelDoc=swPart
```

```
'绘制样条曲线
swSketchSegment = swModelDoc. SketchManager. CreateSpline2 ( arrPoint,
SimulateNaturalEnds)
```

4.2 更改草图基准面

创建草图的时候都需要寻找一个参考面，如果不选择参考面，系统默认会选择前视基准面为参考面。在更改草图平面的时候，需要用到 ModelDocExtension::ChangeSketchPlane，其参数及说明如表 4-3 所示。

```
ModelDoc2::ChangeSketchPlane
retval=ModelDoc2.ChangeSketchPlane(Config_opt,Config_names)
```

表 4-3 ChangeSketchPlane **中参数含义**

类型	参数	含义
输入	(Integer)Config_opt	配置选项:1,表示当前配置;2,表示所有配置;3,表示特定配置
输入	(Object)Config_names	配置名称数组
输出	(Boolean)retval	布尔值:True,表示替换成功;False,表示失败

【例 4.2】 更改草图基准面(实例位置:资源包\源码\第四章\实例 4.2)。

(1)先打开指定模型("资源包\资源文件\三维模型\其他\更改草图基准面.SLDPRT")，如图 4-2 所示。

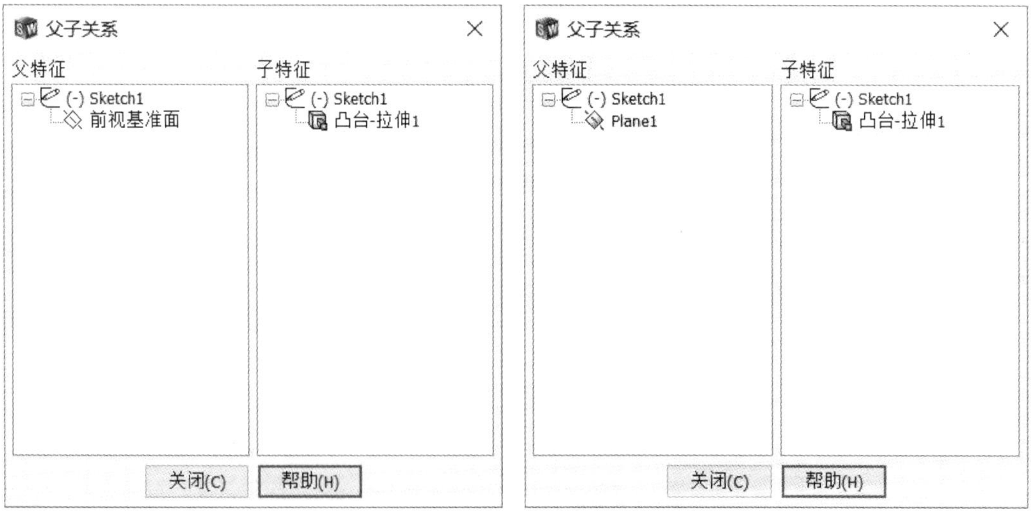

(修改前)　　　　(修改后)

图 4-2　更改草图基准面

从图4-2中可以看出,修改前 Sketch 的父特征是前视基准面。

(2) 更改草图基准面的关键代码如下,完整代码请查看随书附带资料。

```
'获取当前激活文档
swModel=swApp.ActiveDoc
'选择 Sketch1 草图
boolstatus=swModel.Extension.SelectByID2("Sketch1","SKETCH",0,0,0,False,
0,Nothing,0)
'选择 Plane1 基准面
boolstatus=swModel.Extension.SelectByID2("Plane1","PLANE",0,0,0,True,0,
Nothing,0)
'获取模型的配置名称
vConfigNames=swModel.GetConfigurationNames()
'更改草图基准面
boolstatus=swModel.Extension.ChangeSketchPlane(1,vConfigNames(0))
'重建模型
boolstatus=swModel.EditRebuild3()
```

通过图4-2可以看出,修改后的 Sketch1 的父特征为 Plane1。

4.3 获得草图中的点

草图点是草图里面的重要的元素之一,草图点的一个常用的用途是草图驱动阵列。选择的特征会根据草图点的位置进行阵列,因此只要控制了草图点的分布情况就可以控制特征阵列结果。在该过程中获取草图中的点坐标并修改其值显得尤为重要。通常用 Sketch::GetsketchPoint2 来获取草图中的点,其参数及说明如表4-4所示。

```
Sketch::GetsketchPoint2
retval=Sketch.GetsketchPoint2()
```

表4-4 GetsketchPoint2 **中参数含义**

类型	参数	含义
输出	(Object)retval	草图点的数组

【例4.3】 更改草图基准面(实例位置:资源包\源码\第四章\实例4.3)。

(1) 先打开指定路径模型("资源包\资源文件\三维模型\管板\前管板.SLDPRT"),并且使换热管阵列草图处于编辑状态。

(2) 关键的代码如下,完整代码请查看随书附带资料。

```
'获取当前激活文档
swPart=swApp.ActiveDoc
'获取激活草图
swSketch=swPart.GetActiveSketch2
'获取草图里面的点
sketchPointArray=swSketch.GetSketchPoints2
'获取草图点数目
pointCount=UBound(sketchPointArray) + 1
strrichtext="该选中草图中点的总的数目为:" + pointCount.ToString + vbCrLf

'遍历 sketchPointArray
For i=0 To (pointCount - 1)
      '获取点的坐标
      xValue=sketchPointArray(i).X
      yValue=sketchPointArray(i).Y
      zValue=sketchPointArray(i).Z
      strrichtext=strrichtext + "第" + i.ToString + "点坐标为:(" + xValue.
ToString + "," + yValue.ToString + "," + zValue.ToString + ")" + vbCrLf
Next i

'将结果呈现在界面上
RichTextBox1.Text=strrichtext
```

4.4 草图实体的偏移

草图的偏移在实际应用中很常见，例如绘制平行线等。涉及到的命令是SketchManager:SketchOffset，其参数及说明如表4-5所示。

```
SketchManager:SketchOffset
    Retval=SketchManager.SketchOffset(Offset,BothDirections,Chain,CapEnds,
MakeConstruction,AddDimensions)
```

表4-5 SketchOffset **中参数含义**

类型	参数	含义
输入	(Double)Offset	新产生实体相对于原来的偏移的距离
输入	(Boolean)BothDirections	True，表示向两个方向偏移，False，表示向一个方向偏移

续表4-5

类型	参数	含义
输入	(Boolean)Chain	False,仅仅偏移选择的实体,True,偏移所选实体和属于同一轮廓或链的任何其他实体(连续的几何实体,如边缘)。
输入	(Boolean)CapEnds	True,则使用弧来限制双向偏移,否则为 false
输入	(Boolean)MakeConstruction	True,则制作基本结构;否则为 False
输入	(Boolean)AddDimensions	True,表示将偏移尺寸(Offset)添加到草图里面
输出	(Boolean)retval	True,表示添加成功;False,表示失败

【例 4.4】 偏移草图里面的直线(实例位置:资源包\源码\第四章\实例 4.4)。

关键代码如下,完整代码请查看随书附带资料。

```
Dim swApp As New SldWorks.SldWorks With {.Visible=True}
                                              '声明 swApp 对象并设为可见
Dim swPart As PartDoc                         '定义 swPart 对象
Dim boolstatus As Boolean                     '定义布尔变量
Dim skSegment As SketchSegment                '定义 SketchSegment 对象
Dim strFileName As String

'新建一个 sw 文件
'给模板路径赋值(备注:模板的路径随 SolidWorks 和安装路径的不同而不同)
strFileName="C:\ProgramData\SolidWorks\SolidWorks 2013\templates\gb part.
prtdot"
swPart=swApp.NewDocument(strFileName,0,0,0)

获取当前激活文档
swPart=swApp.ActiveDoc

'绘制草图
swPart.SketchManager.InsertSketch(True)
skSegment=swPart.SketchManager.CreateLine(-0.000115,-0.000139,0.0#,0.
000066,-0.038781,0.0#)

'偏移直线实体
boolstatus=swPart.SketchManager.SketchOffset(0.01,True,False,False,True,
True)
```

第 5 章　零 件 模 型

SolidWorks 中常见的模型驱动方法有程序驱动法和尺寸驱动法两种。程序驱动法是将设计过程、计算公式编写成程序，程序在执行时就会参数化的生成新图形。该方法不需要模型库的支持，适合生成设计参数较多的模型，程序的可移植性较好，但对开发人员的编程技术要求较高。尺寸驱动法是在现有零件基础上，保持三维模型结构及尺寸等比例不变且不存在干涉的情况下，通过程序调用 API 函数修改零部件的参数值来实现模型更新。在 SolidWorks API 中也提供了尺寸驱动法相关的接口，可通过调用接口方便地修改零部件设计表的参数。尺寸驱动法省去了从头到尾重新建立模型的繁琐过程，仅需修改已有模型的尺寸就能实现模型更新，不仅简化了程序的编写，更有效提升了模型的更新速度。

学习目标

（1）理解常用 API 函数中参数的含义。

（2）掌握常用 SolidWorks API 的调用。

（3）掌握程序驱动法和尺寸驱动法。

5.1　实例应用：零件自动创建过程

5.1.1　设置材质

在实际生产中，绘制零件时一般都需要设置零件的材质，SolidWorks 提供了强大的材质数据库供我们调用，当然我们也可以将自己的材质数据库添加到 SolidWorks 中作为专用的材质设计数据库。

材质的设置主要应用到 SetMaterialPropertyName2 API 函数。SetMaterialPropertyName2 函数参数特性如表 5-1 所示。

```
IPartDoc::SetMaterialPropertyName2
IPartDoc.SetMaterialPropertyName2
```

表 5-1　SetMaterialPropertyName2 **中参数含义**

类型	参数	含义
输入	(String)ConfigName	配置名称

续表5-1

类型	参数	含义
输入	(String)Database	材质数据库的名称
输入	(String)Name	材质名称

函数功能：设置相应配置零件的材质。

获取零件的材质主要应用到 GetMaterialPropertyName2 API 函数。GetMaterialPropertyName2 函数参数特性如表 5-2 所示。

```
IPartDoc::GetMaterialPropertyName2
retval=IPartDoc.GetMaterialPropertyName2
```

表 5-2　GetMaterialPropertyName2 中参数含义

类型	参数	含义
输入	(String)ConfigName	配置名称
输入	(String)Database	材质数据库的名称
输出	(String)retval	返回所对应材质名称

函数功能：获取相应配置零件的材质。

【例 5.1】　通过打开一个零件，获取到当前零件的配置，并赋予其材质（实例位置：资源包\源码\第 5 章\实例 5.1）。

前提条件：

（1）零件已经打开，并且该零件存在多种配置。

（2）零件中已经存在材质。

（3）存在材质库"C:\Program Files\SolidWorks Corp\SolidWorks\lang\chinese－simplified\sldmaterials\solidworks materials.sldmat"。

```
Imports SolidWorks.Interop.swconst
Imports SolidWorks.Interop.sldworks
Imports SolidWorks.Interop
Module Module1
    Sub main()
            Dim swApp As New SldWorks
            Dim swModel As ModelDoc2
            Dim swPart As PartDoc
            Dim sMatName As String
            Dim sMatDB As String=""
            Dim Bool As Boolean
            swModel=swApp.ActiveDoc
```

```
        swPart=swModel
        '获得当前配置材质
        sMatName=swPart.GetMaterialPropertyName2("配置 1",sMatDB)
        MsgBox("File=" & swModel.GetPathName)
        MsgBox("  Material=" & sMatName & " (" &sMatDB & ")")
        '重新设置材质
        swPart.SetMaterialPropertyName2("配置 1","C:\Program Files\SolidWorks
Corp \ SolidWorks \ lang \ chinese - simplified \ sldmaterials \ solidworks
materials.sldmat","黄铜")
        swPart.ClearSelection2(True)
        '重建模型
        Bool=swPart.EditRebuild3()
        '显示重新设置的材质
        sMatName=swPart.GetMaterialPropertyName2("配置 1",sMatDB)
        MsgBox("  Material=" & sMatName & " (" & sMatDB & ")")
    End Sub
End Module
```

5.1.2 创建草图

绘制零件第一步是创建草图，创建圆草图主要应用到 ModelDoc2::CreateCircleByRadius 函数，创建矩形草图是通过调用 ModelDoc2::CreateCornerRectangle 函数，调用 ModelDoc2::SketchOffset2 方法创建等距曲线，其参数说明如表 5-3 至表 5-6 所示。

```
ModelDoc2::CreateCircleByRadius
value=ModelDoc2.CreateCircleByRadius
```

表 5-3 CreateCircleByRadius 中参数含义

类型	参数	含义
输入	(Double)XC	圆心的 X 坐标，以米为单位
输入	(Double)YC	圆心的 Y 坐标，以米为单位
输入	(Double)Zc	圆心的 Z 坐标，以米为单位
输入	(Double)Radius	圆的半径，以米为单位
输出	(SketchSegment)value	新创建的圆形草图

```
ModelDoc2::CreateCornerRectangle
value=ModelDoc2.CreateCornerRectangle
```

表 5-4 CreateCornerRectangle 中参数含义

类型	参数	含义
输入	(Double)X1	矩形草图左上角 X1 的坐标
输入	(Double)Y1	矩形草图左上角 Y1 的坐标
输入	(Double)Z1	矩形草图左上角 Z1 的坐标
输入	(Double)X2	矩形草图右下角 X2 的坐标
输入	(Double)Y2	矩形草图右下角 Y2 的坐标
输入	(Double)Z2	矩形草图右下角 Z2 的坐标
输出	(SketchSegment)value	新创建的矩形草图

```
ModelDoc2::SketchOffset2
value=ModelDoc2.SketchOffset2
```

表 5-5 SketchOffset2 中参数含义

类型	参数	含义
输入	(Double)Offset	偏移值；负值代表向相反的方向偏移
输入	(Boolean)BothDirections	True 代表双向偏移
输入	(Boolean)Chain	True 代表整个实体偏移，False 代表所选的草图进行偏移
输出	(Boolean)value	True 代表偏移成功

```
IModelDocExtension::SketchBoxSelect
value=IModelDocExtension.SketchBoxSelect
```

表 5-6 SketchBoxSelect 中参数含义

类型	参数	含义
输入	(Double)FirstPtX	框选的第一个角的坐标 X
输入	(Double)FirstPtY	框选的第一个角的坐标 Y
输入	(Double)FirstPtZ	框选的第一个角的坐标 Z
输入	(Double)SecondPtX	框选的对角的坐标 X
输入	(Double)SecondPtY	框选的对角的坐标 Y
输入	(Double)SecondPtZ	框选的对角的坐标 Z
输出	(Boolean)value	True 代表框选成功

【例 5.2】 此示例显示如何创建和编辑圆形草图模式(实例位置:资源包\源码\第 5 章\实例 5.2)。

前提条件:存在零件模板(即存在 C:\ProgramData\SolidWorks\SolidWorks 2017\templates\gb_part.prtdot 文件)。

```
Imports SolidWorks.Interop.sldworks
Imports SolidWorks.Interop.swconst
Imports System
Module Module1
    Sub main()
        Dim swApp As New SldWorks
        Dim swModel As ModelDoc2
        Dim Part As PartDoc
        Dim swSketchMgr As SketchManager
        Dim swSketchSegment As SketchSegment
        Dim vSkLines As Object
        Dim longstatus As Long
        Dim boolstatus As Boolean
        '重置无标题文档的开始计数
        swApp.ResetUntitledCount(0,0,0)
        swApp.Visible=True
        '新建一个空白文档
        swModel=swApp.NewDocument("C:\ProgramData\SolidWorks\SolidWorks
        2017\templates\gb_part.prtdot",0,0,0)
        swApp.ActivateDoc2("Part1",True,longstatus)
        swModel=swApp.ActiveDoc
        Part=swModel
        Dim myModelView As Object
        myModelView=Part.ActiveView
        myModelView.FrameState=swWindowState_e.swWindowMaximized
        '选择前视基准面
        boolstatus=swModel.Extension.SelectByID2("前视基准面","PLANE",0,0,
        0,False,0,Nothing,0)
        '实例化草图资源管理器
        swSketchMgr=Part.SketchManager
        '创建一个以原点为圆心,半径为 0.03 的圆形草图
        swSketchSegment=swSketchMgr.CreateCircleByRadius(0,0,0,0.025)
        '创建一个长为 0.04,宽为 0.03,中心在原点的矩形草图
        vSkLines=swSketchMgr.CreateCornerRectangle(- 0.02,0.015,0,0.02,-
        0.015,0)
```

```
        Part.ClearSelection2(True)
        Part.SketchManager.InsertSketch(True)
        '选择草图 1
        boolstatus=swModel.Extension.SelectByID2("草图 1","SKETCH",0,0,0,
        False,0,Nothing,0)
        '编辑草图(这句话必须要,否则 Solidworks 不知道做什么)
        Part.EditSketch()
        Dim Offset As Double = 0.02
        Dim BothDirections As Boolean
        Dim Chain As Boolean
        Dim value As Boolean
        '框选所有草图的元素
        ' boolstatus = Part. Extension. SketchBoxSelect ( " - 0. 034278"," 0.
        033975","0.000000","0.030904","- 0.027239","0.000000")
        '根据需要选择需要偏移的草图的元素
        ' boolstatus = swModel. Extension. SelectByID2 ( " Line1 ","
        SKETCHSEGMENT",0,0,0,False,1,Nothing,0)
        ' boolstatus = swModel. Extension. SelectByID2 ( " Line2 ","
        SKETCHSEGMENT",0,0,0,True,1,Nothing,0)
        ' boolstatus = swModel. Extension. SelectByID2 ( " Line3 ","
        SKETCHSEGMENT",0,0,0,True,1,Nothing,0)
        ' boolstatus = swModel. Extension. SelectByID2 ( " Line4 ","
        SKETCHSEGMENT",0,0,0,True,1,Nothing,0)
        'boolstatus=swModel.Extension.SelectByID2("Arc1","SKETCHSEGMENT",
        0,0,0,True,1,Nothing,0)
        value=swModel.SketchOffset2(Offset,BothDirections,Chain)
        Part.ClearSelection2(True)
        Part.SketchManager.InsertSketch(True)
    End Sub
End Module
```

5.1.3 添加标注尺寸

当创建草图成功后,有时我们需要给草图添加一些标注尺寸,添加标注尺寸主要应用到 ModelDoc2::AddDimension2 API 函数。AddDimension 函数参数特性如表 5-7 所示。

```
ModelDoc2::AddDimension
ModelDoc2.AddDimension
```

表 5-7　AddDimension 中参数含义

类型	参数	含义
输入	(Double)X	标注尺寸距离原点在 X 方向的长度，以米为单位
输入	(Double)Y	标注尺寸距离原点在 Y 方向的长度，以米为单位
输入	(Double)Z	标注尺寸距离原点在 Z 方向的长度，以米为单位

函数功能：自动创建草图的标注尺寸。

【例 5.3】 此示例显示如何通过 AddDimension2 给一个矩形草图实体自动添加标注尺寸，如图 5-1 所示(实例位置：资源包\源码\第 5 章\实例 5.3)。

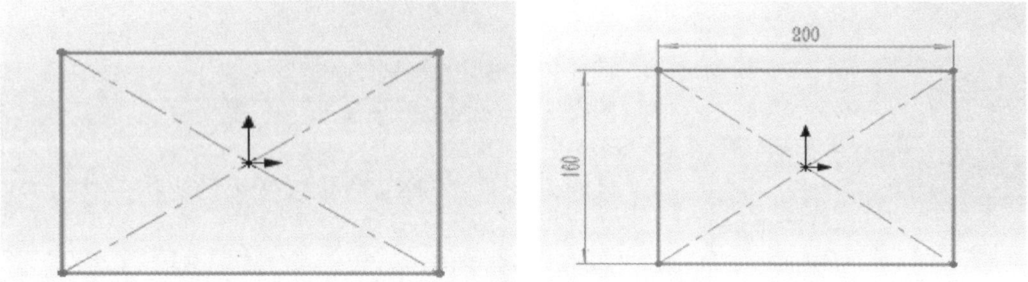

图 5-1　添加标注前后的效果

前提条件：先创建一个矩形的文件并打开。

```
Imports SolidWorks.Interop.sldworks
Imports SolidWorks.Interop.swconst
Imports System
Module AddDimension
    Sub main()
        Dim swApp As New SldWorks
        Dim part As ModelDoc2
        Dim boolstatus As Boolean
        part=swApp.ActiveDoc
        Dim myModelView As Object
        myModelView=part.ActiveView
        myModelView.FrameState=swWindowState_e.swWindowMaximized
        '清除所有的选择
        part.ClearSelection2(True)
        '选中草图的 Line1 直线，即水平方向上的线
        boolstatus = part. Extension. SelectByID2 ( " Line1 @ 草 图 1 "," 
        EXTSKETCHSEGMENT",0,0,0,False,0,Nothing,0)
```

```
Dim myDisplayDim As Object
'定位水平尺寸的位置(在垂直方向上)
myDisplayDim=part.AddDimension2(0,0.1,0)
part.ClearSelection2(True)
'选中草图的 Line2 直线,即垂直方向上的线
boolstatus = part. Extension. SelectByID2 ( " Line2 @ 草 图 1 ","
EXTSKETCHSEGMENT",0,0,0,False,0,Nothing,0)
'定位垂直尺寸的位置(在水平方向上)
myDisplayDim=part.AddDimension2(- 0.15,0,0)
boolstatus=part.Extension.SelectByID2("RD1@ 注解@ 零件 1.moPart_
c","DIMENSION",0,0,0,False,0,Nothing,0)
part.ClearSelection2(True)
End Sub
End Module
```

5.1.4 创建拉伸特征

创建草图成功后，可以通过调用 FeatureManager::FeatureExtrusion2 API 函数进行拉伸，调用 FeatureManager::FeatureCut3 API 函数进行拉伸切除。

FeatureExtrusion2 函数参数特性如表 5-8 所示。

```
FeatureManager::FeatureExtrusion2
value=FeatureManager. FeatureExtrusion2
```

表 5-8 FeatureExtrusion2 中参数含义

类型	参数	含义
输入	(Boolean)Sd	终止条件，True 代表给定单侧拉伸，False 代表两侧拉伸
输入	(Boolean)Flip	切除方向，如果为 True 则反转方向
输入	(Boolean)Dir	拉伸方向，如果为 True 则反转方向
输入	(Integer)T1	第一终止端的类型，取枚举变量 swEndConditions_e
输入	(Integer)T2	第二终止端的类型，取枚举变量 swEndConditions_e
输入	(Double)D1	第一终止端的拉伸深度
输入	(Double)D2	第二终止端的拉伸深度
输入	(Boolean)Dchk1	第一方向上的拔模角度，True 代表有拔模角度，False 代表无拔模角度

续表5-8

类型	参数	含义
输入	(Boolean)Dchk2	第二方向上的拔模角度,True代表有拔模角度,False代表无拔模角度
输入	(Boolean)Ddir1	True代表第一个拔模方向向内,False代表向外
输入	(Boolean)Ddir2	True代表第二个拔模方向向内,False代表向外
输入	(Double)Danq1	第一方向上的拔模角度值
输入	(Double)Danq2	第二方向上的拔模角度值
输入	(Boolean)OffsetReverse1	如果选择第一终止条件为从某个平面或表面偏置,True代表远离该面;False代表朝向该面
输入	(Boolean)OffsetReverse2	如果选择第二终止条件为从某个平面或表面偏置,True代表远离该面;False代表朝向该面
输入	(Boolean)TranslateSurface1	如果选择第一终止端的类型为swEndOffsetFromSurface,True代表拉伸的终止端为参考平面的平移;False则为使用偏置
输入	(Boolean)TranslateSurface2	如果选择第二终止端的类型为swEndOffsetFromSurface,True代表拉伸的终止端为参考平面的平移;False则为使用偏置
输入	(Boolean)Merge	True代表形成一个多实体零件
输入	(Boolean)UseFeatScope	True代表影响选择的实体,False代表影响所有实体
输入	(Boolean)UseAutoSelect	True代表自动选择所有的实体;False代表选择该特征影响的实体
输入	(Integer)T0	初始条件,取枚举变量swStartConditions_e
输入	(Double)StartOffset	如果初始条件设置为swStartOffset,该值指定偏移值
输入	(Boolean)FlipStartOffset	如果初始条件设置为swStartOffset,True代表反转方向
输出	(Feature)value	拉伸特征的指针

【例5.4】 此示例显示如何通过FeatureExtrusion2创建一个长方体,并通过FeatureCut3在此长方体上进行拉伸切除(实例位置:资源包\源码\第5章\实例5.4)。

```
Imports SolidWorks.Interop.sldworks
Imports SolidWorks.Interop.swconst
Imports System
Module Module1
```

```
Sub main()
    Dim swApp As New SldWorks
    Dim part As ModelDoc2
    Dim swModelDocExt As ModelDocExtension
    Dim boolstatus As Boolean
    Dim longstatus As Long
    Part=swApp.NewDocument ("C:\Program Files\SolidWorks Corp\Solid
Works\lang\english\Tutorial\part.prtdot",0,0,0)
    swApp.ActivateDoc3("Part2",False,swRebuildOnActivation_e.swUser
Decision,longstatus)
    Part=swApp.ActiveDoc
    swModelDocExt=Part.Extension
    Dim myModelView As ModelView
    myModelView=Part.ActiveView
    myModelView.FrameState=swWindowState_e.swWindowMaximized
    Part.SketchManager.InsertSketch(True)
    boolstatus=Part.Extension.SelectByID2("Front Plane","PLANE",-0.
0692248508634211,0.0392379182115397,0.00987134779060705,False,0,Nothing,0)
    Part.ClearSelection2(True)
    '创建矩形草图
    Dim vSkLines As Object
    vSkLines=Part.SketchManager.CreateCornerRectangle(-0.01,-0.01,
0,0.01,0.01,0)
    Part.ClearSelection2(True)
    Part.SketchManager.InsertSketch(True)
    boolstatus=Part.Extension.SelectByID2("Front Plane","PLANE",0,0,
0,False,0,Nothing,0)
    Part.ClearSelection2(True)
    '创建圆形草图
    Dim skSegment As SketchSegment
    skSegment=Part.SketchManager.CreateCircle(0,0,0,0.005,0,0)
    Part.ClearSelection2(True)
    Part.SketchManager.InsertSketch(True)
    boolstatus=Part.Extension.SelectByID2("Front Plane","PLANE",0,0,
0,False,0,Nothing,0)
    '用草图 1 进行拉伸
    boolstatus=Part.Extension.SelectByID2("草图 1","SKETCH",0,0,0,
False,0,Nothing,0)
    Part.ClearSelection2(True)
```

```
        boolstatus = Part.Extension.SelectByID2 ("草图 1","SKETCH", 0, 0, 0,
False,4,Nothing,0)
        Dim myFeature As Feature
        myFeature=Part. FeatureManager. FeatureExtrusion2 ( True, False,
False,0,0,0.00254,0.00254,False,False,False,False,0.0174532925199433,0.
0174532925199433,False,False,False,False,True,True,True,0,0,False)
        Part.SelectionManager.EnableContourSelection=False
        '用草图 2 进行拉伸切除
        Part.ClearSelection2(True)
        boolstatus=Part.Extension. SelectByID2 ( "草图 2","SKETCH", 0, 0, 0,
False,4,Nothing,0)
        myFeature= Part.FeatureManager.FeatureCut3(True, False, True, 0, 0, 0.
00254, 0.00254, False, False, False, False, 0.0174532925199433, 0.0174532925199433,
False,False,False,False,False,True,True,True,True,False,0,0,False)
        Part.SelectionManager.EnableContourSelection=False
    End Sub
End Module
```

5.1.5 创建旋转特征

旋转特征主要通过调用 FeatureRrevolve2 方法进行创建。要查看有关 Feature Rrevolve2 函数的所有的参数的含义,请参考 API 帮助文档。

【例 5.5】 此示例显示如何通过 FeatureRrevolve2 创建一个长方体,并通过 FeatureCut3 在此长方体上进行拉伸切除(实例位置:资源包\源码\第 5 章\实例 5.5)。

```
Imports SolidWorks.Interop.sldworks
Imports SolidWorks.Interop.swconst
Imports System
Module Module1
    Sub main()
        Dim Part As ModelDoc2
        Dim boolstatus As Boolean
        Part=swApp.ActiveDoc
        boolstatus=Part.Extension.SelectByID2("Sketch2","SKETCH",0,0,0,
True,0,Nothing,0)
        boolstatus=Part.Extension.SelectByID2("Axis1","AXIS",-0.03249248386774,
-0.008890295497245,-0.005457395402805,True,16,Nothing,0)
        boolstatus=Part.Extension.SelectByID2("","FACE",-0.03948753408952,
0.1016773485926,-0.08343298757264,True,32,Nothing,0)
```

```
        Dim myFeature As Feature
        myFeature=Part.FeatureManager.FeatureRevolve2(False, True, True,
False,False,True,4,5,6.28318530718,0,False,True,0.01,0.01,0,0.002,0.01,
True,True,True)
    End Sub
    Public swApp As New SldWorks
End Module
```

5.2 实例应用:系列零件表更新模型

在 SolidWorks 软件中,使用配置功能可以在单一的文件中对零件或装配体生成多个设计变化,配置功能提供了简便的方法来开发与管理一组有着不同尺寸、特征或其他参数的模型。本节主要讲述通过使用系列零件表生成不同尺寸的零件,从而实现零件的参数化设计。

5.2.1 获得配置名

获得零件的配置名主要通过调用 GetConfigurationNames API 函数。此函数参数特性如表 5-9 所示。

```
ModelDoc2::GetConfigurationNames
ModelDoc2.GetConfigurationNames
```

表 5-9 GetConfigurationNames **中参数含义**

类型	参数	含义
输出	(Double)configList	获得配置的名称

函数功能:获得当前模型配置的名称。

【例 5.6】 此示例显示如何通过 GetConfigurationNames 获得零件的当前激活配置(实例位置:资源包\源码\第 5 章\实例 5.6)。

```
Imports SolidWorks.Interop.sldworks
Imports SolidWorks.Interop.swconst
Imports System
Imports System.Diagnostics
Module Module1
    Sub Main()
        Dim swApp As New SldWorks
```

```
        Dim swModel As ModelDoc2
        Dim swConfig As Configuration
        Dim swConfMgr As ConfigurationManager
        Dim configNameArr As Object
        Dim configName As Object
        Dim fileName As String
        Dim status As Boolean
        Dim errors As Integer,warnings As Integer
        '文件名
        fileName="E:\史老师教程\光盘\源码\第 5 章\5.6\A.SLDPRT"
        '打开文件
        swModel=swApp. OpenDoc6 ( fileName, swDocumentTypes _ e. swDocPART,
swOpenDocOptions_e.swOpenDocOptions_Silent,"",errors,warnings)
        '实例化配置管理器
        swConfMgr=swModel.ConfigurationManager
        '获得配置名
        configNameArr=swModel.GetConfigurationNames
        '遍历所有配置,并将配置名打印出来
        For Each configName In configNameArr
            swConfig=swModel.GetConfigurationByName(configName)
            status=swModel.ShowConfiguration2(configName)
            Debug.Print(configName)
        Next
    End Sub
End Module
```

5.2.2 引用配置

引用配置主要通过调用 ReferencedConfiguration API 函数。此函数的参数说明如表 5-10 所示。

```
IComponent2::ReferencedConfiguration
value=IComponent2.ReferencedConfiguration
```

表 5-10 ReferencedConfiguration 中参数含义

类型	参数	含义
输出	(String)value	配置名称

函数功能:返回配置名称。

【例 5.7】 此示例实现不打开零件文件,而改变该零件在装配体中的配置(实例位置:资源包\源码\第 5 章\实例 5.7)。

```
Imports SolidWorks.Interop.sldworks
Imports SolidWorks.Interop.swconst
Imports System
Imports System.Diagnostics
Module Module1
    Sub main()
        Dim swApp As New SldWorks
        Dim swAssy As AssemblyDoc
        Dim swSelMgr As SelectionMgr
        Dim swModel As ModelDoc
        Dim swComp As Component
        Dim RefCfg As String
        swModel=swApp.ActiveDoc
        swAssy=swModel
        swSelMgr=swModel.SelectionManager
        swComp=swSelMgr.GetSelectedObject6(1,-1)
        '获得并打印出当前零件在装配体中的配置
        RefCfg=swComp.ReferencedConfiguration
        Debug.Print(RefCfg)
        '改变所选零件的配置
        swComp.ReferencedConfiguration="MyConfigura"
        '使改变生效
        swAssy.EditRebuild()
    End Sub
End Module
```

5.2.3 访问特征

访问零件特征及该特征的子特征时,主要使用 IPartDoc::FirstFeature 来获得该零件第一个特征,然后通过 GetFirstSubFeature 来获得该特征下的其他子特征。FirstFeature 对象的返回值和参数特性如表 5-11 所示。

```
IPartDoc::FirstFeature
value=IPartDoc.FirstFeature
```

表 5-11 FirstFeature 中参数含义

类型	参数	含义
输出	(Feature)value	返回零件的第一个特征

函数功能:获得当前零件模型的第一个特征。

【例 5.8】 此示例实现通过 API 函数来获得零件的第一个特征及其子特征(实例位置:光盘\源码\第 5 章\实例 5.8)。

```
Imports SolidWorks.Interop.sldworks
Imports SolidWorks.Interop.swconst
Imports System
Imports System.Diagnostics
Module Module1
    Sub main()
        Dim swApp As New SldWorks
        Dim swPart As PartDoc
        Dim Feature, subFeat As SolidWorks.Interop.sldworks.Feature
        Dim FeatureName, subFeatureName As String
        swPart=swApp.ActiveDoc
        '获得当前零件的第一个特征
        Feature=swPart.FirstFeature
        '当特征不为 Nothing 时,遍历获得该特征的属性
        While Not Feature Is Nothing
            '获得特征的名字
            FeatureName=Feature.Name
            Debug.Print(FeatureName)
            '访问该特征的子特征
            subFeat=Feature.GetFirstSubFeature
            '当子特征不为 Nothing 时,遍历获得该子特征的属性
            While Not subFeat Is Nothing
                '获得子特征的名字
                subFeatureName=subFeat.Name
                Debug.Print(subFeatureName)
                '访问该子特征的子特征
                subFeat=subFeat.GetNextSubFeature
            End While
            '获得当前零件的下一个特征,直到最后一下为止
            Feature=Feature.GetNextFeature()
        End While
    End Sub
End Module
```

5.2.4　访问特征尺寸

访问特征尺寸主要使用 GetFirstDisplayDimension 对象，然后通过 GetNextDisplay Dimension 来获得所有的特征尺寸。GetFirstDisplayDimension 对象的返回值和参数特性如表 5-12 所示。

```
IFeature::GetFirstDisplayDimension
retval=IFeature.GetFirstDisplayDimension()
```

表 5-12　GetFirstDisplayDimension 中参数含义

类型	参数	含义
输出	retval	特征尺寸

函数功能：该函数获得当前所选特征的特征尺寸。

5.2.5　改变尺寸

当需要改变零件或草图的尺寸时，我们可以通过访问尺寸的名称来给相应的尺寸重新赋值。

【例 5.9】　本实例说明如何使用 SolidWorks API 来访问特征尺寸，并改变尺寸的参数(实例位置：资源包\源码\第 5 章\实例 5.9)。

```
Imports SolidWorks.Interop.sldworks
Imports SolidWorks.Interop.swconst
Imports System
Imports System.Diagnostics
Module Module1
    Sub main()
        Dim swApp As New SldWorks
        Dim swModel As ModelDoc2
        Dim swPart As PartDoc
        Dim swSelMgr As SelectionMgr
        Dim swFeat As Feature
        Dim theDimen As Dimension
        Dim theValue As String
        Dim theName As String
        Dim theDispDimen As DisplayDimension
        Dim i,j As Long
        swModel=swApp.ActiveDoc
        swSelMgr=swModel.SelectionManager
```

```
        swPart=swModel
        For i=1 To swSelMgr.GetSelectedObjectCount
            '依次实例化每一个特征
            swFeat=swSelMgr.GetSelectedObject6(i,-1)
            Debug.Print(" SelType ( " &i &") =" &swSelMgr.GetSelectedObject
Type(i))
            If Not swFeat Is Nothing Then
                Debug.Print("    " & swFeat.Name & " < " & swFeat.GetTypeName
& "> ")
                '实例化第一个特征尺寸
                theDispDimen=swFeat.GetFirstDisplayDimension
                '遍历该特征的所有尺寸
                While Not theDispDimen Is Nothing
                    j=j + 1
                    theDimen=theDispDimen.GetDimension2(j)
                    theValue=theDimen.Value        '获得该特征尺寸的原始值
                    theName=theDimen.FullName      '获得该特征尺寸的名称
                    '更改某一特征尺寸
                    If theName="D1@草图 1@零件 3.Part" Then
                        theDimen.Value=0.2
                    End If
                    '获得下一个特征尺寸
                    theDispDimen=swFeat.GetNextDisplayDimension(theDispDimen)
                End While
            End If
        Next i
        '清空所有选择
        swPart.ClearSelection2(True)
        '重建更新模型
        swPart.EditRebuild3()
    End Sub
End Module
```

5.2.6 特征的压缩与解压缩

特征的压缩主要通过调用 IModelDoc2::EditSuppress2 函数来实现，解压缩主要通过调用 IModelDoc2::EditUnsuppress2 函数来实现。EditSuppress2 函数的参数说明如表 5-13 所示，EditUnsuppress2 的用法同 EditSuppress2，在此不再说明。

```
ModelDoc2::EditSuppress2
Value=ModelDoc2.EditSuppress2
```

表 5-13　EditSuppress2 中参数含义

类型	参数	含义
输出	(Boolean)value	True 代表压缩成功,False 代表压缩失败

函数功能:压缩当前模型的特征。

【例 5.10】 此示例实现通过两个字符参数来压缩或解压零件特征(实例位置:资源包\源码\第 5 章\实例 5.10)。

提示:打开资源包\源码\第 5 章\实例 5.10 中的零件模型并选中切除-拉伸 1 特征,且该特征处于解压缩状态。

```
Imports SolidWorks.Interop.sldworks
Imports SolidWorks.Interop.swconst
Imports System
Imports System.Diagnostics
Module Module1
    Sub main()
        Dim swApp As New SldWorks
        Dim swModel As ModelDoc2
        Dim swSelMgr As SelectionMgr
        Dim swFeat As Feature=Nothing
        Dim i As Long
        Dim bRet As Boolean
        On Error Resume Next
        swModel=swApp.ActiveDoc
        swSelMgr=swModel.SelectionManager
        '打印文件的路径
        Debug.Print("File=" & swModel.GetPathName)
        '获得所选实体的信息
        For i=1 To swSelMgr.GetSelectedObjectCount
            swFeat=swSelMgr.GetSelectedObject5(i)
            Debug.Print("  SelType(" & i & ")=" & swSelMgr.GetSelected Object
Type(i))
            If Not swFeat Is Nothing Then
                Debug.Print("   " &swFeat.Name &" <" &swFeat.GetTypeName &">")
            End If
        Next i
```

```
            '压缩所选择的内容
            If swFeat.Name="切除-拉伸 1" Then
                bRet=swModel.EditSuppress2 : Debug.Assert(bRet)
            Else
                bRet=swModel.EditUnsuppress2 : Debug.Assert(bRet)
            End If
        End Sub
    End Module
```

5.2.7 操作系列零件表

系列零件设计表为我们提供了一种更加简便的生成配置的方法，生成系列零件设计表的方法有两种：①作为一个独立的操作，在 Excel 中生成系列零件设计工作表。保存此工作表，然后将其插入模型文件中以生成配置；②在模型中插入一个新的、空白的系列零件设计表，然后直接在工作表中输入系列零件设计表资料。当完成输入系列零件设计表资料后，模型中会自动生成新的配置。

系列零件设计表不仅可以用来控制零件的参数尺寸，也可以利用系列零件设计表来控制零件的颜色、特征状态、配置等其他属性。表 5-14 是系列零件设计表参数摘要，注意单元格内的数值应使用其对应的格式，不能含空格。

表 5-14 系列零件设计表参数摘要

参数语法(标题单元格)	有效值(单元格)	如果值为空白，则为默认
$备注	任何文字串	空
$零件编号	任何文字串	配置名称
$状态@特征_名称	压缩(S)，解除压缩(U)	解除压缩
尺寸@特征	任何有效的尺寸小数数值	未被评估
$属性@属性	任何文字串	属性未定义
$用户注释	任何文字串	不计算
$颜色	指明 RGB(红，绿，蓝)颜色的 32 位整数	零(黑色)

下面介绍如何使用系列设计表通过添加尺寸的方式来实现生成新的配置。

(1) 选择“插入”/“表格”/“设计表”命令，如图 5-2 所示。在出现的“系列零件设计表”界面的“源”选项中选择“自动生成”单选按钮，如图 5-3 所示。

(2) 单击“√”按钮，弹出的“系列零件设计表”界面，如图 5-4 所示，输入配置名称和参数值。

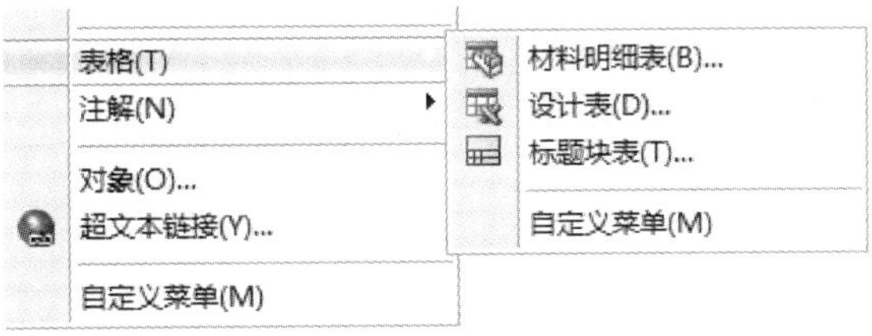

图 5-2 选择“设计表”命令

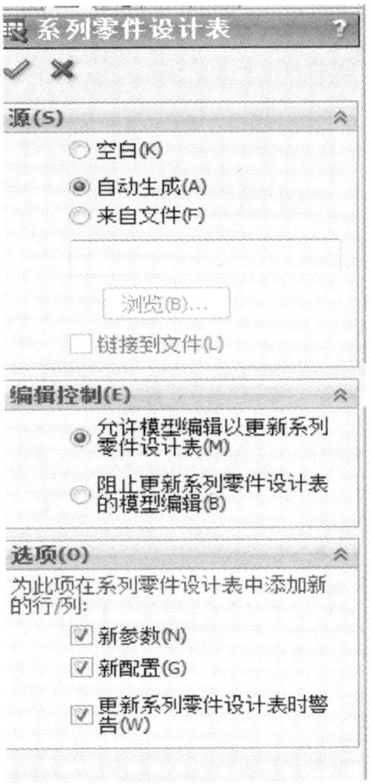

图 5-3 “系列零件设计表”界面

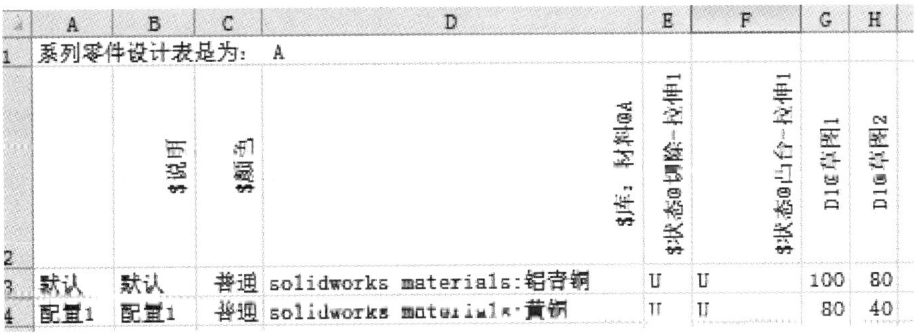

	A	B	C	D	E	F	G	H
1	系列零件设计表是为:		A					
2		$说明	$颜色	$库；材料@A	$状态@切除-拉伸1	$状态@凸台-拉伸1	D1@草图1	D1@草图2
3	默认	默认	普通	solidworks materials:铝青铜	U	U	100	80
4	配置1	配置1	普通	solidworks materials:黄铜	U	U	80	40

图 5-4 生成的系列零件设计表

（3）重新输入配置名和各参数值，保存系列零件设计表，可以看到新生成的配置，如图 5-5 所示。

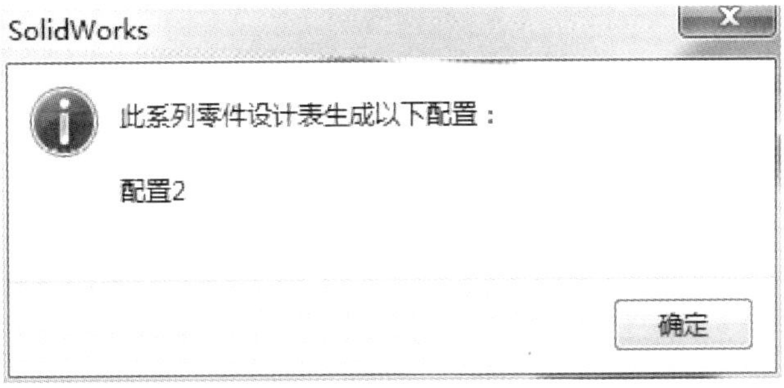

图 5-5 生成配置

访问系列零件设计表通过 GetDesignTable 来实现，获得零件设计表之后就可以通过更改零件设计表中的参数值来实现零件的更新。GetDesignTable 对象的返回值和参数特性如表 5-15 所示。

```
ModelDoc2::GetDesignTable
value=ModelDoc2.GetDesignTable
```

表 5-15　GetDesignTable 中参数含义

类型	参数	含义
输出	(DesignTable)value	系列零件设计表

函数功能：获得系列零件设计表。

【例 5.11】 此示例实现通过操作系列零件表来更改零件的特征尺寸等（实例位置：资源包\源码\第 5 章\实例 5.11）。

```
Imports SolidWorks.Interop.sldworks
Imports SolidWorks.Interop.swconst
Imports System.Runtime.InteropServices
Imports System
Imports Microsoft.Office.Interop
Imports System.Diagnostics
Module Module1
    Sub main()
        Dim swApp As New SldWorks
        Dim swModel As ModelDoc2
        Dim swConfigMgr As ConfigurationManager
        Dim RefCfg As Configuration
        Dim Active_Name As String
        Dim swDesTable As DesignTable
        Dim bRet As Boolean
        swModel=swApp.ActiveDoc
        '//获取当前配置
        swConfigMgr=swModel.ConfigurationManager
        RefCfg=swConfigMgr.ActiveConfiguration
        '//获取当前配置的配置名
        Active_Name=RefCfg.Name
        '获得零件设计表的访问权，并激活设计表
        swDesTable=swModel.GetDesignTable
        bRet=swDesTable.Attach
        If bRet=False Then
```

```
        MsgBox("获得零件设计表失败")
        Exit Sub
    End If
    Dim rng As Excel.Range
    Dim XL As Excel.Application
    XL=GetObject(,"Excel.Application")
    XL.Workbooks(1).Activate()
    rng=XL.ActiveSheet.UsedRange
    Dim Excel_i As Integer
    '获得 Excel 中设计表的总行数
    Excel_i=rng.Rows.Count
    Dim myWorksheet As Excel.Worksheet
    myWorksheet=swDesTable.Worksheet
    If Not myWorksheet Is Nothing Then
        Dim i As Integer,rowIndex As Integer
        Dim j As Integer,colIndex As Integer
        Dim cellRange As Excel.Range
        Dim cellValue As String,cellText As String
        Dim tableRowCount As Long,tableColCount As Long
        Dim tableFirstRow As Long,tableFirstCol As Long
        '设计表的总行数,即含有配置的行数
        tableRowCount=swDesTable.GetTotalRowCount
        tableColCount=swDesTable.GetTotalColumnCount

        tableFirstRow=swDesTable.GetVisibleTopRowNumber
        tableFirstCol=swDesTable.GetVisibleLeftColumnNumber
        For i=Excel_i - tableRowCount + 1 To Excel_i
            rowIndex=tableFirstRow + i - 1
            '遍历 Excel 中的配置名,找到当前激活的配置名,并更改相应的属性值
            If myWorksheet.Cells(rowIndex,1).Value2=Active_Name Then
                For j=1 To tableColCount
                    colIndex=tableFirstCol + j - 1
                    cellRange=myWorksheet.Cells(rowIndex,colIndex)
                    cellValue=cellRange.Value2
                    cellText=cellRange.Text
                    '//此实例将当前配置的拉伸-切除中的草图 2 的圆直径更改为 10
                    myWorksheet.Cells(rowIndex,9).Value2="10"
                    '跳出循环
                    Exit For
```

```
                    Next j
                    Exit For
                End If
            Next i
        End If
        '用系列零件表更新模型,关闭设计表,返回到 SolidWorks
        swDesTable.UpdateModel()
        myWorksheet=Nothing
        XL.Quit()
        swDesTable.Detach()
    End Sub
End Module
```

5.2.8 重建模型

重建模型主要使用 ModelDoc2::EditRebuild3 来实现。EditRebuild3 对象的返回值和参数特性如表 5-16 所示。

```
ModelDoc2::EditRebuild3
value=ModelDoc2.EditRebuild3()
```

表 5-16 EditRebuild3 中参数含义

类型	参数	含义
输出	(Boolean)value	True 代表重建更新模型成功,Flase 代表重建更新模型失败

函数功能:该函数用来实现当模型属性更改时,重建模型以使更改成功,相当于刷新保存。

第 6 章　装 配 体

在 SolidWorks 的二次开发中，与装配体实体对应的对象为 AssemblyDoc 对象，通过该对象可以访问执行装配体操作的函数的方法。例如，新建装配体环境、添加新的零部件、添加配合关系、零部件的替换和零部件的隐藏等。

6.1　添加零部件

在第二章的文档创建中，我们已经介绍了怎样用 swApp.NewDocument 方法来新建装配体文件，使用该方法只是创建一个装配体环境，我们还需要在此基础上添加零件或者其他的装配体才能满足实际的需要。将零部件添加到新的装配体中主要用到 AddComponent5 函数，函数 AddComponent5 的参数说明如表 6-1 所示。

```
  AssemblyDoc:AddComponent5
  retval=AssemblyDoc.AddComponent5t(CompName,ConfigOption,NewConfigName,
UseConfigForPartReferences,ExistingConfigName,X,Y,Z)
```

表 6-1　AddComponent5 **函数中参数含义**

类型	参数	含义
输入	(String)CompName	即将加入到当前装配体中的零件或者其他装配体文件的路径
输入	(Integer)ConfigOption	新增进来的零部件的状态，以整数型变量来区分，具体参考 swAddComponentConfigOptions_c 的枚举中的含义
输入	(String)NewConfigName	新装配体的配置的名称
输入	(Boolean)UseConfigFor Part References	如果为 True，则使用 ExistingConfigName 中指定的配置
输入	(String)ExistingConfigName	加载组件的配置名称；仅在 UseConfigForPartReferences 为 True 时有效
输入	(Double)X	组件中心 x 坐标
输入	(Double)Y	组件中心 y 坐标
输入	(Double)Z	组件中心 z 坐标
输出	(Component2)retval	Component2 对象

在函数 AddComponent5 中，几个参数之间存在约束关系，当你想要的结果和实际不一样的时候，可以参考一下官方 API 有关该部分的详细说明。

6.2 添加配合

将新的零部件添加到新装配体中，此时的新添加进来的零部件是无约束的，我们需要添加配合进行约束，例如利用面的重合、平行、重轴、相交等约束关系将其位置固定，使其达到产品设计要求。在 SolidWorks 的二次开发中，用 AssemblyDoc::AddMate3 命令添加配合关系，其参数说明如表 6-2 所示。

```
AssemblyDoc:AddMate3
retval=AssemblyDoc.AddMate3 ( MateTypeFromEnum, AlignFromEnum, Flip, Distance,DistanceAbsUpperLimit,DistanceAbsLowerLimit,GearRatioNumerator, GearRatioDenominator, Angle, AngleAbsUpperLimit, AngleAbsLowerLimit, ForPositioningOnly,ErrorStatus)
```

表 6-2　Addmate3 中参数含义

类型	参数	含义
输入	(Integer) MateTypeFromEnum	配合的形式，先将常见的配合形式的枚举变量说明如下： swMateCOINCIDENT＝0，重合；swMateCONCENTRIC＝1，同轴；swMatePERPENDICULAR＝2，垂直；swMatePARALLEL＝3，平行；swMateTANGENT＝4，相切
输入	(Integer) AlignFromEnum	配合对齐形式，其枚举变量值如下： swMateAlignALIGNED＝0，对齐； swMateAlignANTI_ALIGNED＝1，反对齐； swMateAlignCLOSEST＝2，就近对齐
输入	(Boolean)Flip	True，表示反转组件，False，表示不反转组件
输入	(Double)Distance	在距离配合或限制配合形式的配合关系中的距离值
输入	(Double) DistanceAbsUpperLimit	最大距离绝对值
输入	(Double) DistanceAbsLowerLimit	最小距离绝对值
输入	(Double) GearRatioNumerator	齿轮传动中传动比分子值

续表6-2

类型	参数	含义
输入	(Double) GearRatioDenominator	齿轮传动中传动比分母值
输入	(Double)Angle	与角配合的角度值
输入	(Double) AngleAbsUpperLimit	最大角度绝对值
输入	(Double) AngleAbsLowerLimit	最小角度绝对值
输入	(Boolean) ForPositioningOnly	True,表示根据匹配关系定位组件,但不创建和返回配合关系,False 则不会
输入	(Integer)ErrorStatus	配合状态的返回值,其枚举值为: swAddMateError_ErrorUknown=0,偶然的位置错误; swAddMateError_NoError=1,配合成功,没有错误; swAddMateError_IncorrectMateType=2,未知的配合形式或不在当前 swMateType_e 中; swAddMateError_IncorrectAlignment=3 未知的对齐方式或不在当前 swMateAlign_e 中; swAddMateError_IncorrectSelections=4,错误的配合选择; swAddMateError_OverDefinedAssembly=5,配合在装配体中过定义
输出	(Mate2)retval	返回配合对象,该对象提供一些访问配合参数的方法

AddMate3 函数参数较多,使用该函数的关键是理解每个参数的含义,有的时候仅仅看字面意思很难理解其含义,我们需要将其和 UI 界面操作命令联系起来,只有不断的尝试每个参数的变化对装配结果的改变才能更好地理解该函数的用法。鉴于该函数用法的复杂性,下面以一个综合实例来说明其函数的用法。

【例 6.1】 添加组件和配合(实例位置:资源包\源码\第六章\实例 6.1)。

(1) 运行该程序之前需要先打开文件("资源包\资源文件\三维模型\添加组件和配合\lens_mount.sldasm")

(2) 关键代码如下:

```
'获取当前激活文档
swModel=swApp.ActiveDoc

'设置事件
swAssemblyDoc=swModel
```

```
openAssem=New Hashtable
AttachEventHandlers()

'获取装配体的名字
AssemblyTitle=swModel.GetTitle()

'以"."字符分割字符串 AssemblyTitle
strings=Split(AssemblyTitle,".")

'获取不带文件格式的文件名
AssemblyName=strings(0)

Debug.Print("Name of assembly: " & AssemblyName)
boolstat=True

'定义一个新字符串表示将添加进来的零件
Dim strCompModelnameAs String
strCompModelname="camtest.sldprt"

'因为装配体和零件保存在同一个文件下,所以可以通过装配体的文件路径来确定零件的路径
tmpPath=Left(swModel.GetPathName,InStrRev(swModel.GetPathName,"\"))
'打开要添加到装配体中的零件,这也是 AddMate3 函数用法所强调的,需要将添加到装配
体中的零部件加入到内存中,才能进行装配
tmpObj = swApp.OpenDoc6(tmpPath + strCompModelname, swDocumentTypes_e.
swDocPART,swOpenDocOptions_e.swOpenDocOptions_Silent,"",errors,warnings)

'检查文件是否为只读文件,或者文件不存在,并给出相应的提示
If warnings=swFileLoadWarning_e.swFileLoadWarning_ReadOnly Then
    MsgBox("This file is read only.")
    boolstat=False
End If

If tmpObj Is Nothing Then
    MsgBox("Cannot locate the file.")
    boolstat=False
End If
'重新激活装配体,以确保组件可以添加
swModel=swApp.ActivateDoc3(AssemblyTitle,True,swRebuildOnActivation_e.
swUserDecision,errors)
```

```
'添加 camtest 零件到装配体文件中

'当前唯一一个选项就是选择当前选择的配置
'works for adding a part using IComponent2::AddComponent5
'用 IComponent2::AddComponent5 命令将零件添加到装配体中
'其他选项为
swAddComponentConfigOptions_e.swAddComponentConfigOptions_NewConfigWith
AllReferenceModels 和
swAddComponentConfigOptions _ e. swAddComponentConfigOptions _ NewConfig
WithAsmStructure,
swComponent = swAssemblyDoc. AddComponent5 ( strCompModelname, swAdd
ComponentConfigOptions _ e. swAddComponentConfigOptions _ CurrentSelected
Config,"",False,"",-1,-1,-1)

'使其变为虚拟组件
stat=swComponent.MakeVirtual

'获取组件的名字
strCompName=swComponent.Name2()

'创建配合的名字
MateName="top_coinc_" + strCompName
'配合第一个选择的面
FirstSelection="Top@" + strCompName & "@" + AssemblyName
'配合第二个选择的面
SecondSelection="Front@" + AssemblyName

'清空模型里面的选择
swModel.ClearSelection2(True)
'获取 swModel 的扩展对象
swDocExt=swModel.Extension

'选择配合的第一个面
boolstat = swDocExt. SelectByID2 (FirstSelection, "PLANE", 0, 0, 0, True, 1,
Nothing,swSelectOption_e.swSelectOptionDefault)
'选择配合的第二个面
boolstat = swDocExt. SelectByID2 (SecondSelection, "PLANE", 0, 0, 0, True, 1,
Nothing,swSelectOption_e.swSelectOptionDefault)
```

```
'添加配合关系
'第一个参数 MateTypeFromEnum:重合
'第二个参数 AlignFromEnum:对齐
'第三个参数 Flip:不反转
'第四个到第十一个参数:因为在该配合类型下不起作用,所有都设为 0
'第十二个参数 ForPositioningOnly:False,不根据匹配关系定位组件
'第十三个参数 ErrorStatus:返回配合状态
matefeature = swAssemblyDoc. AddMate3 ( swMateType _ e. swMateCOINCIDENT,
swMateAlign_e.swMateAlignALIGNED,False,0,0,0,0,0,0,0,0,False,mateError)

'给配合命名
matefeature.Name=MateName

'显示配合结果,需要在 API 文档中查看具体含义
Debug.Print("result of AddMate3: " & mateError)

'调好视角,方便查看
swModel.ViewZoomtofit2()
```

6.3 遍历配合关系

在实际的二次开发中,我们可能需要遍历装配体中的配合特征,获得配合对象,然后利用 Mate2 对象所提供的方法来修改配合里面的参数。在获取配合特征时,主要用到遍历设计树的技术,遍历设计树在 SolidWorks 中经常用到。在第三章的实例应用中,我们已经介绍了遍历技术的使用,下面就用遍历技术遍历装配体中所有的配合关系。主要步骤分为以下几步。

步骤 1 获取模型的第一个特征。

```
Dim swFeature As Feature
swFeature=swModel.FirstFeature
```

步骤 2 获取特征的类型,看是否是配合特征。在 SolidWorks 设计软件中,设计树将本层次的所有的配合关系结合在一起。因此我们只需要遍历到该特征,然后再遍历此特征下面的子特征就可以遍历所有的配合特征。在英文菜单下该特征对应的字符为“MateGroup”,在中文菜单下对应的字符为“配合”。关键代码如下:

```
Dim FeatureTypeName As String
While swFeature IsNot Nothing
    '获取特征的类型
```

```
    FeatureTypeName=swFeature. GetTypeName2
    '判断类型是否为配合特征
    If FeatureTypeName=" MateGroup" or FeatureTypeName=" 配合" Then
        Dim swSubFeature As Feature
        swSubFeature=swFeature.GetFirstSubFeature
        While swSubFeature IsNot Nothing
            Debug.Print("配合特征的名字为:"+ swSubFeature.Name)
        End While
        swSubFeature=swSubFeature.GetNextSubFeature
    End If
    swFeature=swFeature.GetNextFeatrue
End While
```

步骤 3 在获得配合名称之后，就可以利用第三章学习到的 SelectByID2 命令选中配合对象，通过 Mate2 对象提供的方法修改里面的配合参数达到修改配合的目的。

6.4 零部件的装配

装配在 SolidWork 中占据着重要的地位，将两个零件装配成为一个装配体，将一个装配体和一个零件装配成一个新的装配体，将两个小的装配体装配成一个更大的装配体。因为装配功能的存在，我们才能将一个复杂产品一步步分解为简单易设计的零件，然后再进行配合，这样就很好地减少了因为产品过于复杂而导致的设计错误。同样，这样一个自下而上的设计过程也符合车间生产制造的工艺。

在 SolidWorks 二次开发中装配思路也比较简单，和用户手动装配一样，有两个步骤：

(1) 选择需要配合的两个对象。

(2) 利用 AddMate3 命令，设置好参数进行配合。

但是在选择需要配合的两个对象时候，因为对象不一样，需要采用不同的方法，下面就两个不同的方法以实例进行说明。

6.4.1 SelectByID2 进行装配

该方法适用于那些特征非常明显的，例如基准面、基准轴。下面以一个综合的实例来说明 SelectByID2 进行装配。

【例 6.2】 SelectByID2 进行自动装配（实例位置：资源包\源码\第六章\实例 6.2），实例效果如图 6-1 所示。

步骤 1 利用 OpenDoc6 打开未完成装配的装配体 A+B，如图 6-1 所示。在运行该代码之前需要本地有相应的模型，且需要将模型路径修改为本地路径（模型在资源包\资

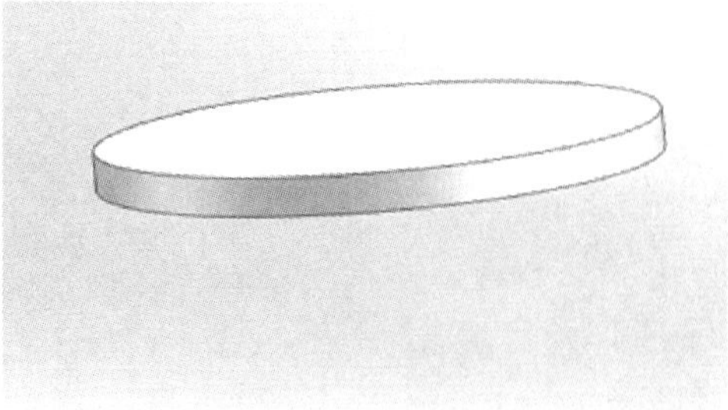

装配体_零件A

装配体_零件B

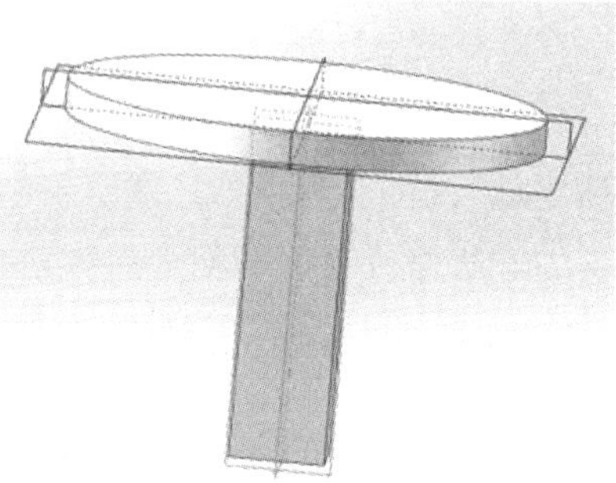

装配体

图 6-1　自动装配的效果图

源文件\三维模型\零部件的装配)。关键代码如下:

```
'打开模型装配体 A+B.SLDASM
strAssemblyPath As String="C:\Users\要点理想色彩\Desktop\SolidWorks 二次开发从入门到精通\资源文件\三维模型\零部件的装配\装配体 A+B.SLDASM" '模型路径需要修为本地的
swModelDoc = swApp. OpenDoc6 ( strAssemblyPath, swDocumentTypes _ e. swDocASSEMBLY, swOpenDocOptions _ e. swOpenDocOptions _ Silent,"", errors, warnings)
```

步骤 2　利用 OpenDoc6 打开装配体_零件 B(模型在资源包\资源文件\三维模型\零部件的装配)。关键代码如下:

```
'打开模型装配体_零件 B
strPartPath="C:\Users\要点理想色彩\Desktop\SolidWorks 二次开发从入门到精通\资源文件\三维模型\零部件的装配\装配体_零件 B.SLDPRT" '模型路径需要修为本地的
swModelDoc = swApp. OpenDoc6 (strPartPath, swDocumentTypes _ e. swDocPART, swOpenDocOptions_e.swOpenDocOptions_Silent,"",errors,warnings)
```

步骤 3　利用 ActivateDoc3 激活装配体 A+B.SLDASM,只有激活文档才能将装配体_零件 B 添加到装配体中来，如图 6-2 所示。

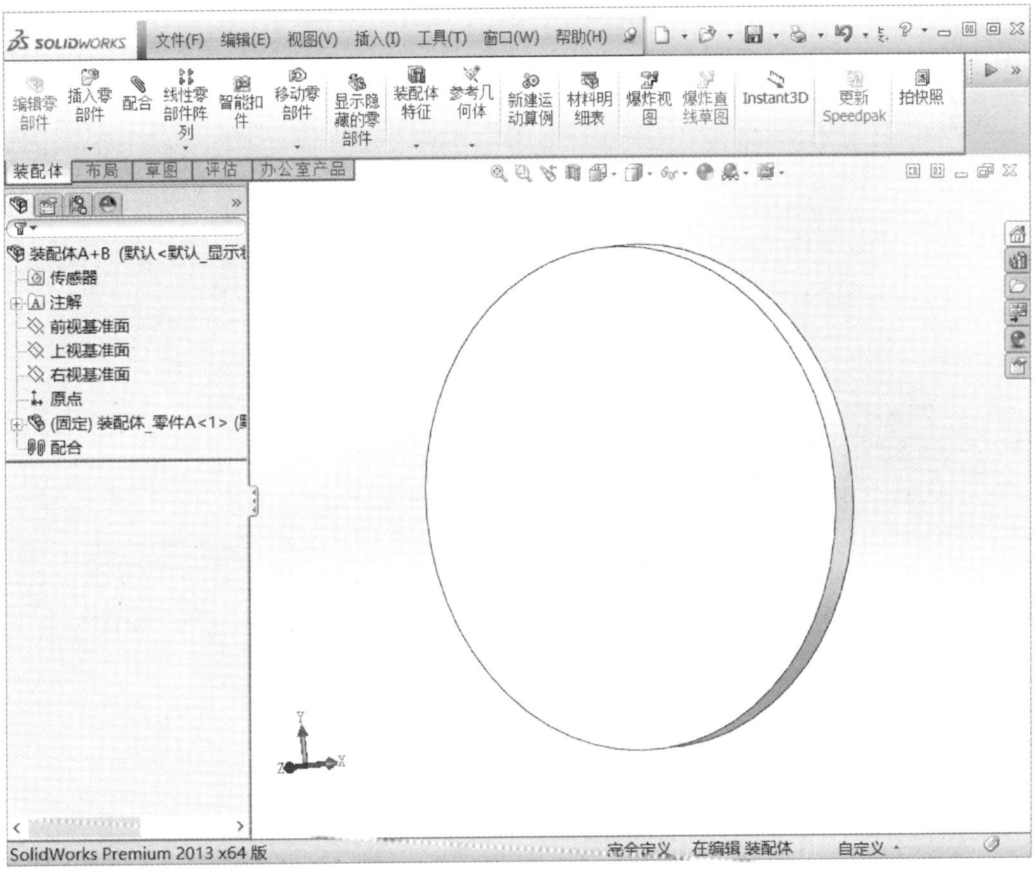

图 6-2 打开装配体 A+B 展示图

```
'激活装配体 A+B,使其成为当前活动文档
swModelDoc= swApp.ActivateDoc3(AssemblyTitle,True,swRebuildOnActivation_
e.swUserDecision,errors)
```

步骤 4 利用 AddComponent5 将装配体_零件 B 添加到组件中。添加的零件必须是前面已经打开的零件或者是原装配体中已经包含的零件。其实就是一个意思，即该零件在内存中已经打开。

```
'将装配体_零件 B 添加到装配体中
swComponent = swAssemblyDoc. AddComponent5 ( strPartPath, swAddComponent
ConfigOptions _ e. swAddComponentConfigOptions _ CurrentSelectedConfig,"",
False,"",-1,-1,-1)
```

步骤 5 利用 SelectByID2 命令选择需要添加配合关系的对象。本步骤关键是要用 swModelDoc.ClearSelection2(True)命令清空前面所有的选择。关键代码如下：

```
'①添加第一组配合关系:前视基准面重合
MateName="第一个配合_前视基准面重合"
FirstSelection="前视基准面@" + strCompName & "@" + AssemblyName
SecondSelection="前视基准面"

'选择需要配合的第一个对象
swModelDoc.ClearSelection2(True)
boolstat= swDocExt. SelectByID2 (FirstSelection," PLANE", 0, 0, 0, True, 1,
Nothing,swSelectOption_e.swSelectOptionDefault)
If boolstat=False Then
    MsgBox(FirstSelection + "选择失败")
    Exit Sub
End If
'选择需要配合的第二个对象
boolstat= swDocExt. SelectByID2 (SecondSelection," PLANE", 0, 0, 0, True, 1,
Nothing,swSelectOption_e.swSelectOptionDefault)
If boolstat=False Then
    MsgBox(FirstSelection + "选择失败")
    Exit Sub
    End If

'添加配合
matefeature = swAssemblyDoc. AddMate3 ( swMateType _ e. swMateCOINCIDENT,
swMateAlign_e.swMateAlignALIGNED,False,0,0,0,0,0,0,0,0,False,mateError)
matefeature.Name=MateName
```

步骤 6 添加另外 2 个配合关系,大致过程和第五步一样,只是局部需要修改。不同的部分如下:

```
'②添加第一组配合关系:上视基准面重合
MateName="第二个配合_上视基准面重合"
FirstSelection="上视基准面@" + strCompName & "@" + AssemblyName
SecondSelection="上视基准面"
swModelDoc.ClearSelection2(True)
boolstat= swDocExt. SelectByID2 (FirstSelection," PLANE", 0, 0, 0, True, 1,
Nothing,swSelectOption_e.swSelectOptionDefault)
'③添加第一组配合关系:右视基准面重合
MateName="第三个配合_右视基准面重合"
FirstSelection="右视基准面@" + strCompName & "@" + AssemblyName
SecondSelection="右视基准面"
```

步骤 7 使用 CloseDoc 命令关闭添加进来的零件,清空选择对象。代码如下:

```
'关闭添加进来的组件:装配体_零件 B
swApp.CloseDoc(strPartName)'strPartName 为添加进来的名字,不包含文件扩展名。
swModelDoc.ClearSelection2(True)
```

最终的结果如图 6-3 所示。

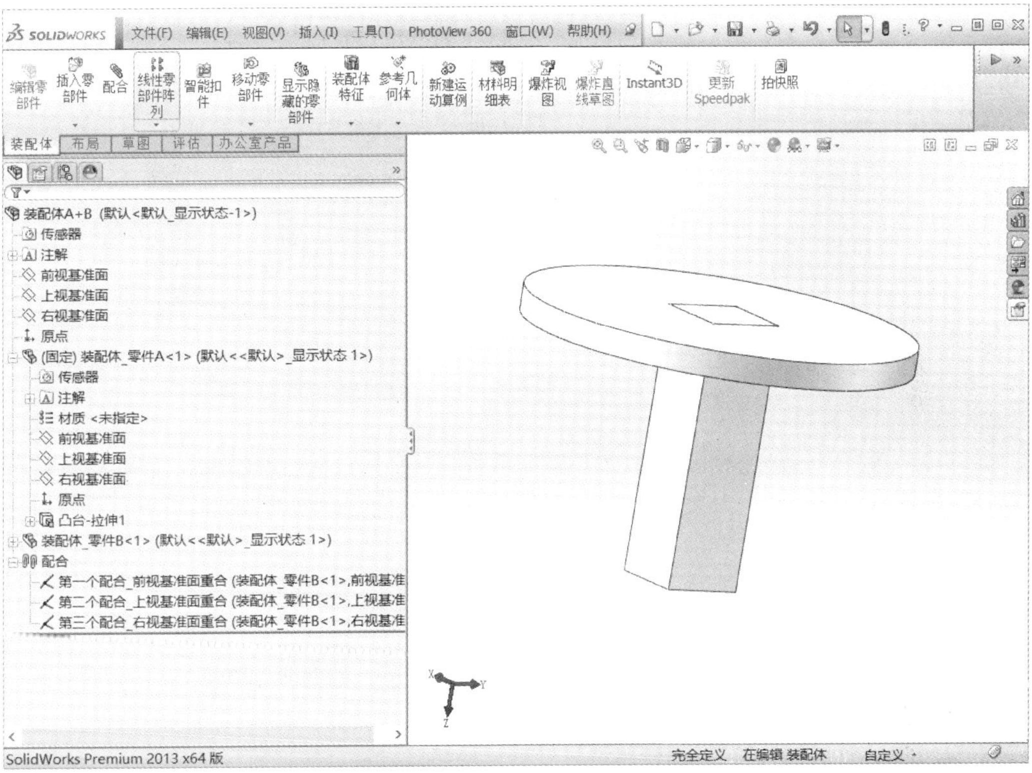

图 6-3 实际结果图以及配合关系展示

6.4.2 遍历特征进行装配

该方法适用于那些特征不是很明显的,比如两个面(非基准面)的重合。因为用 SelectedByID2 命令可能无法选中对象,这时可以用遍历的技术进行选择。同样也以一个实例进行说明。

【例 6.3】 遍历特征进行自动装配(实例位置:资源包\源码\第六章\实例 6.3)

步骤 1 打开文件按装配体 A+B(遍历).SLDASM(路径位于资源包\资源文件\三维模型\零部件的装配),如图 6-4 所示,圆柱体的面 A 将和长方体的面 B 进行共面配合。

在程序运行之前,需要给圆柱和正方体的面进行命名,图 6-4 中的圆柱体的箭头所指向的面为 A,正方体箭头所指向的面为 B,这样做的目的就是让该面区别于其他的面,使得在遍历的时候容易获取。具体操作流程如下:

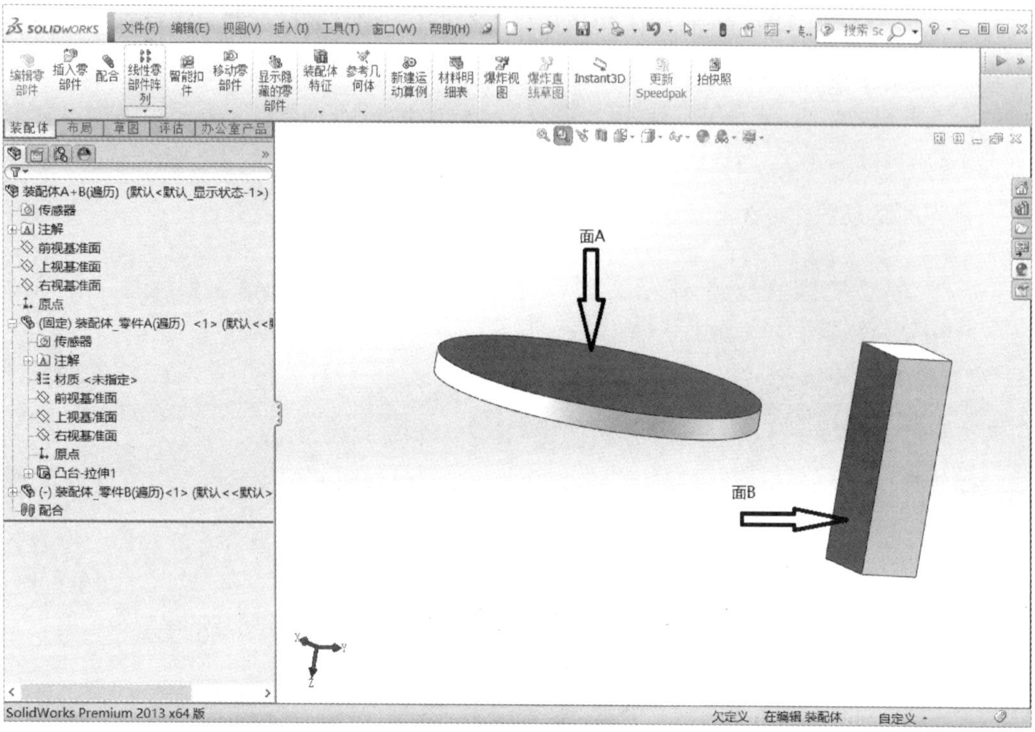

图 6-4　遍历装配图_前

步骤 1　鼠标选中需要命令的面。

步骤 2　右击鼠标出现弹出菜单，找到“面属性”选项，如图 6-5 所示。

步骤 3　点击“面属性”选项，出现“实体属性”对话框，如图 6-6 所示。给名称赋值为 A，点击“确定”按钮。

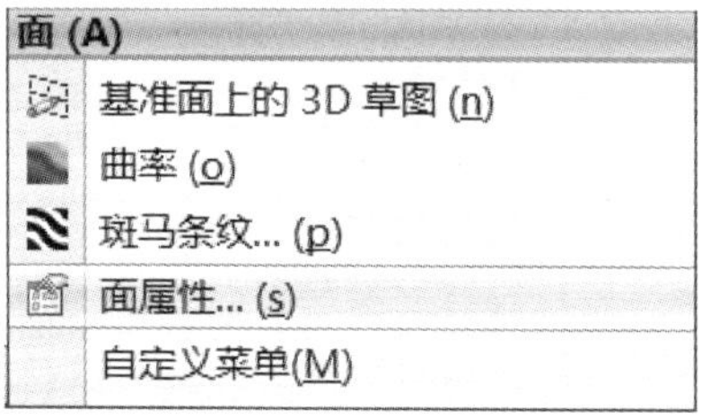

图 6-5　面属性菜单

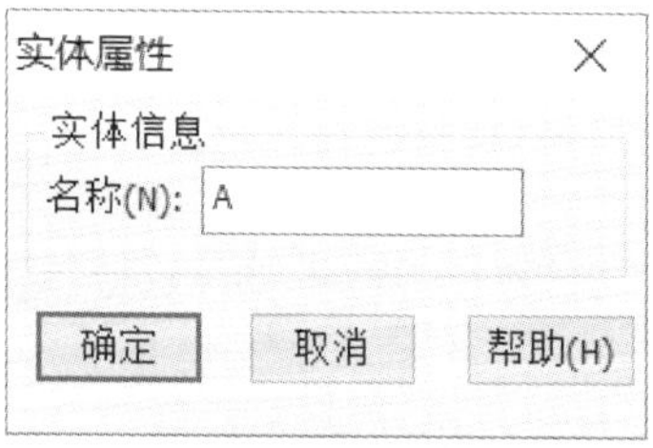

图 6-6　实体名称

用同样的方法，对另一个面进行命名。

注意：资源包中附带的资料里面的面是已经命名的，这里是给出命名的方法，希望对 SolidWorks 操作不熟悉的用户有一些帮助。

在本节之前，所有的代码都是没有封装的，在本实例中，适当的封装了一些函数，便于以后的使用。

在装配体环境中，可能包含的组件有很多，在众多的组件中获取特定的组件对象是实际工作中经常用到的，本书就将其封装为一个函数 getComponentByName。函数的参数的意义如下：

Assembly：当前装配体对象。

TopLevelOnly：布尔值，True，表示遍历顶级 Component；False，表示所有的。

ComponentName：需要获得组件的名称。

具体代码如下：

```
Private Function getComponentByName (ByVal Assembly As AssemblyDoc, ByVal
TopLevelOnly As Boolean,ByVal ComponentName As String) As Component2
    '定义返回值
    Dim swComponent As Component2 = Nothing

    '获取装配体对象
    Dim objComponentArr As Object
    objComponentArr=Assembly.GetComponents(TopLevelOnly)

    '根据 objComponentArr 中的名称获取具体的装配体
    For Each eachComponent As Component2 In objComponentArr
        If InStr(eachComponent.Name,ComponentName,CompareMethod.Text) Then
            Return eachComponent
        End If
    Next
    '返回结果
    Return swComponent
End Function
```

如何获得一个模型特定的面也是实际开发中经常遇到的问题，我们也将其封装为一个函数 selectSpecificFace，函数的参数含义如下：

Component：包含特定面的 Component 对象，Component 可以是零件也可以是组件，但是要转化为 Component。

FaceName：特定面的名称，也就是上面提到的面属性里面的实体名称。

注意：在该函数里面的好多对象是 Object 对象，因此在一些集成开发工具中（Visual Studio）中的智能提示中不会提示相应的方法，比如：objBody 对象的 GetFirstFace 方法，objFace 对象的 Select2 方法。关于这里面的技巧主要是看 SolidWorks 官方 API 中的实例，以及对 SolidWorks 的对象模型的理解。

```
Public Function selectSpecificFace(ByVal Component As Component2,ByVal
FaceName As String) As Boolean
    '定义返回值
    Dim retFun As Boolean=False
```

```
        '获取装配体
        Dim objBody As Object
        objBody=Component.GetBody
        If objBody Is Nothing Then
            MsgBox("Component Body unavailable")
            Return retFun
        End If

        '遍历所有实体面
        Dim objFace As Object
        Dim strFaceName As String
        Dim Model As ModelDoc2

        objFace=objBody.GetFirstFace
        Model=Component.GetModelDoc2

        While objFace IsNot Nothing
            strFaceName=Model.GetEntityName(objFace)
            If strFaceName=FaceName Then
                retFun=objFace.Select2(True,1)
                Return retFun
            End If
            objFace=objFace.getNextFace
        End While

        '返回结果
        Return retFun
    End Function
```

接下来利用上面两个函数进行装配，主要步骤和前面的装配一样，先选择两个对象，再添加合适的配合关系。具体代码如下：

```
    '打开装配体-装配体A+B(遍历).SLDASM
    Dim errors,warnings As Integer
    swModel=swApp.OpenDoc6(strASMPath,swDocumentTypes_e.swDocASSEMBLY,
  swOpenDocOptions_e.swOpenDocOptions_Silent,"",errors,warnings)
    If swModel Is Nothing Then:MsgBox("cannot open the file:" +strASMPath):
Exit Sub
    End If
```

```
'获取待定组件
Dim swComponent As Component2
Dim swAssembly As AssemblyDoc
Dim strComponentName As String

swAssembly=swModel
strComponentName="装配体_零件 A(遍历)"
swComponent=getComponentByName(swAssembly,True,strComponentName)

'获取 A 面
Dim strFaceName As String
Dim boolStatue As Boolean
strFaceName="A"
boolStatue=selectSpecificFace(swComponent,strFaceName)

'获取 B 面
strComponentName="装配体_零件 B(遍历)"
swComponent=getComponentByName(swAssembly,True,strComponentName)
strFaceName="B"
boolStatue=selectSpecificFace(swComponent,strFaceName)

Dim matefeature As Mate2
Dim mateError As Integer
Dim MateName As String="面的重合"
matefeature=swAssembly.AddMate3(swMateType_e.swMateCOINCIDENT,
swMateAlign_e.swMateAlignALIGNED,False,0,0,0,0,0,0,0,0,False,mateError)
If mateError <>1 Or Is Nothing(matefeature) Then:MsgBox("fail to mate"):
    Exit Sub
End If
matefeature.name=MateName
```

6.5 子零部件的替换

装配体中零部件的替换是常用的功能之一，使用命令 AssemblyDoc：ReplaceComponents 不仅可以替换装配体中的零件也可以替换装配体中的子装配体。其参数说明如表 6-3 所示。

```
AssemblyDoc:ReplaceComponents
retval=AssemblyDoc.ReplaceComponents (FileName,ConfigName,ReplaceAll
Instance,ReAttachMatest)
```

表 6-3 ReplaceComponents **中参数含义**

类型	参数	含义
输入	(String)FileName	新的文件的路径
输入	(String)ConfigName	当替换的零件是多配置的时候，替换的零部件在装配体中显示的配置名称
输入	(Boolean)ReplaceAllInstance	布尔值：True，表示替换所有的相同实例；False，表示仅替换一个
输入	(Boolean)reAttachMatest	布尔值：True，表示如果组件在子装配体中找到，所有配合需要重新连接；False，表示不连接
输出	(Boolean)retval	布尔值：True，表示组件替换成功；False 表示替换失败

6.6 更改子零部件状态

在装配体中，往往通过压缩零部件来实现不同的造型，主要的步骤就是在装配体中获取零部件的对象 Component2，然后再利用 Setsuppression 方法来设置子零部件状态，其参数说明如表 6-4 所示。

```
Component2:Setsuppression
retval=Component2.Setsuppression(State)
```

表 6-4 Setsuppression **中参数含义**

类型	参数	含义
输入	(Integer) State	枚举变量：表示组件的压缩状态 swComponentFullyLightweight 4：表示使当前部件和当前的子部件轻化； swComponentFullyResolved 2：表示还原当前部件及当前的子部件； swComponentLightweight 1：仅仅使当前部件轻化； swComponentLightweight3：仅仅还原当前部件； swComponentSuppressed 0：压缩当前部件及当前的子部件

续表6-4

类型	参数	含义
输出	(Integer) retval	swSuppressionBadComponent 0:组件对象无效; swSuppressionBadState 1:该状态无效; swSuppressionChangeFailed 3:参数没有问题,但是状态改变失败; swSuppressionChangeOk 2:状态改变成功

6.7 获取零部件

为了获取装配体中所有的零部件,我们常用 AssemblyDoc:GetComponent 命令。其参数说明如表 6-5 所示。

```
AssemblyDoc:GetComponent
retval=AssemblyDoc.GetComponent (TopLevelOnly)
```

表 6-5 GetComponent 中参数含义

类型	参数	含义
输入	(Boolean) TopLevelOnly	布尔值: True,表示仅仅遍历设计树里面的第一层级的组件;False,表示遍历设计树里面的第一层级的组件和子零部件
输出	(Object)retval	返回 Components 对象的数组

第7章 工　程　图

7.1 创建工程图

工程图是根据装配体或者零件导出来的，其主要步骤为先打开装配体或零件，再创建工程图模板，接着创建图纸，最后创建视图。下面以综合实例来说明这四个步骤。

【例 7】 创建工程图(实例位置:资源包\源码\第七章\实例 7)。

步骤 1 打开文件甲型法兰.SLDPRT，主要用到 OpenDoc6 命令，关键代码如下：

```
'第一步:打开甲型法兰.SLDPRT
Private Sub OpenDoc()
    Dim Errors As Integer
    Dim Warings As Integer
    swModel=swApp.OpenDoc6(strFileName,1,0,"",Errors,Warings)
    If swModel Is Nothing Then
        MsgBox("文件无法打开,请检查")
        Exit Sub
    End If
End Sub
```

打开之后的模型如图 7-1 所示：

步骤 2 创建工程图模板，主要用到 NewDocument 命令。

```
'第二步:创建工程图模板
Private Sub CreatDrawingTemplate()
    Dim intPaperSize As Integer=swDwgPaperSizes_e.swDwgPaperA 1 size
    swDraw=swApp.NewDocument(strTemplateName,intPaperSize,0.0#,0.0#)
End Sub
```

步骤 3 新建图纸，主要用到 NewSheet3 命令，NewSheet3 的参数说明如表 7-1 所示。

```
DrawingDoc:NewSheet3
retval=DrawingDoc.NewSheet3 (Name,PaperSize,TemplateIn,Scale1,Scale2,
FirstAngle,TemplateName,Width,Height,PropertyViewName)
```

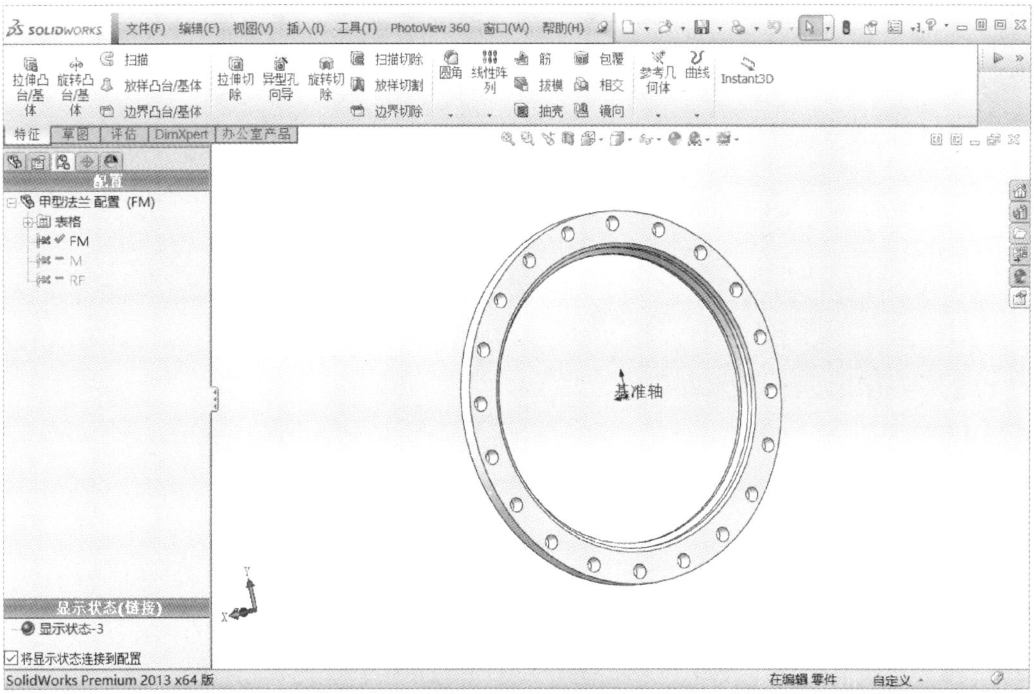

图 7-1　多配置甲型法兰

表 7-1　NewSheet3 中参数含义

类型	参数	含义
输入	(String)Name	新图纸的名称
输入	(Integer)PaperSize	swDwgPaperA0size 11 swDwgPaperA1size 10 swDwgPaperA2size 9 swDwgPaperA3size 8 swDwgPaperA4size 6 swDwgPaperA4sizeVertical 7 swDwgPaperAsize 0 swDwgPaperAsizeVertical 1 swDwgPaperBsize 2 swDwgPaperCsize 3 swDwgPaperDsize 4 swDwgPaperEsize 5 swDwgPapersUserDefined 12

续表7-1

类型	参数	含义
输入	(Integer)TemplateIn	swDwgTemplateA0size 11 swDwgTemplateA1size 10 swDwgTemplateA2size 9 swDwgTemplateA3size 8 swDwgTemplateA4size 6 swDwgTemplateA4sizeVertical 7 swDwgTemplateAsize 0 swDwgTemplateAsizeVertical 1 swDwgTemplateBsize 2 swDwgTemplateCsize 3 swDwgTemplateCustom 12 swDwgTemplateDsize 4 swDwgTemplateEsize 5 swDwgTemplateNone 13
输入	(Double)Scale1	比例尺分子
输入	(Double)Scale2	比例尺分母
输入	(Boolean)FirstAngle	布尔值,True 表示第一个投影视角,False 表示不是
输入	(String)TemplateName	如果 TemplateIn 设为 swDwgTemplateCustom,则为自定义模板的完整路径名
输入	(Double)Width	如果 TemplateIn 设为 swDwgTemplateNone 或 PaperSize 设为 swDwgPapersUserDefined,则为页面宽度
输入	(Double)Height	如果 TemplateIn 设为 swDwgTemplateNone 或 PaperSize 设为 swDwgPapersUserDefined,则为页面高度
输入	(String) PropertyView Name	包含获得自定义属性的模型的视图的名称
输出	(Boolean)retval	布尔值,True 表示成功,False 表示失败

在新建图纸的时候,需要用到零部件的配置名称。获取模型配置的名称的命令为 GetConfigurationNames,其用法在前面章节已经提到,这里就不再细说。关键代码如下:

```
'步骤 2　创建工程图模板
'获取模型的配置名称
Dim objConfigName As Object
Dim strConfigName As String
Dim blnStatue As Boolean
objConfigName=swModel.GetConfigurationNames

'新建图纸
For i=0 To UBound(objConfigName)
    strConfigName=objConfigName(i)
    blnStatue=swDraw.NewSheet3(strConfigName,TemplateSize,PaperSize,1,2,
Not ThirdAngle,"",0.0#,0.0#,"")
Next
```

步骤 4　创建视图，主要用到命令 Create1stAngleViews2 和 Create3rdAngleViews2，其参数说明如表 7-2 所示：

```
DrawingDoc:Create1stAngleViews2
retval=DrawingDoc.Create1stAngleViews2(modelName)
DrawingDoc:Create3rdAngleViews2
retval=DrawingDoc.Create3rdAngleViews2(modelName)
```

表 7-2　Create1stAngleViews2 中参数含义

类型	参数	含义
输入	(String)modelName	创建视图的文件名
输出	(Boolean)retval	布尔值，True 表示成功，False 表示失败

关键代码如下：

```
'创建视图
For i=0 To UBound(objConfigName)
    strConfigName=objConfigName(i)
    blnStatue=swDraw.NewSheet3(strConfigName,TemplateSize,PaperSize,1,2,
Not ThirdAngle,"",0.0#,0.0#,"")

    '创建视图
    If ThirdAngle=True Then
        blnStatue=swDraw.Create3rdAngleViews2(swModel.GetPathName)
```

```
        Else
            blnStatue=swDraw.Create1stAngleViews2(swModel.GetPathName)
        End If
    Next
```

如图7-2所示为多配置甲型法兰工程图，从图中可以看出，每对应一个配置，就有一个工程视图与之对应。

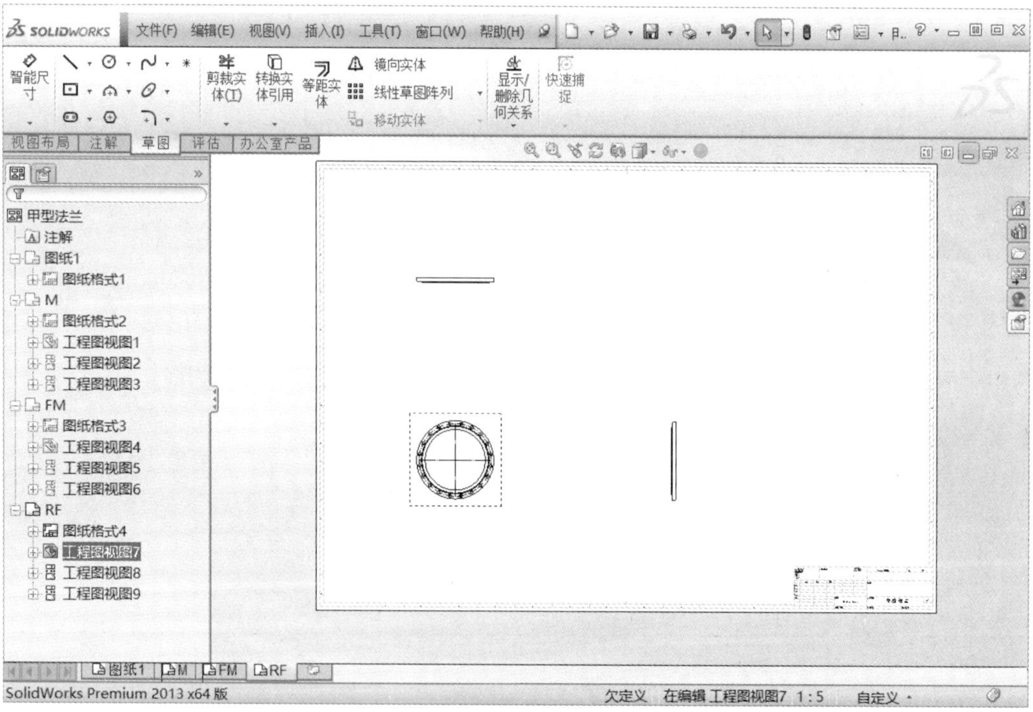

图7-2 多配置甲型法兰工程图

7.2 添加注释

生成工程图后，需要在工程图上添加注释，给车间加工提供数据。添加注释所用到的命令为InsertModelAnnotations3，InsertModelAnnotations3的语法如表7-3所示。

```
DrawingDoc:InsertModelAnnotations3
retval=DrawingDoc.InsertModelAnnotations3 (Option,Types,AllViews,
DuplicateDims,HiddenFeatureDims,UsePlacementInSketch)
```

表 7-3 添加注释

类型	参数	含义
输入	(Integer)Option	0=视图中的所有的标注； 1=所有当前选中的组件(用于装配体工程图)的标注； 2=所有当前选中的特征的标注
输入	(Integer)Types	使用 swInsertAnnotation_e 的值
输入	(Boolean)AllViews	True=为所有工程视图插入注释； False=只在选定的视图里面插入注释
输入	(Boolean)DuplicateDims	True=插入重复注释； False=删除重复注释
输入	(Boolean) HiddenFeatureDims	True=插入隐藏特征的标注； False=不插入隐藏特征的标注
输入	(Boolean) UsePlacementInSketch	True=如草图那样插入标注； False=表示不
输出	(Object)retval	包含插入的注释对象类型为 SafeArray 的 Object

该部分的代码同样是在【例 7.1】中，关键代码如下：

```
'创建视图
For i=0 To UBound(objConfigName)
    strConfigName=objConfigName(i)
    blnStatue=swDraw.NewSheet3(strConfigName,TemplateSize,PaperSize,1,2,
Not ThirdAngle,"",0.0#,0.0#,"")

    '创建视图
    If ThirdAngle=True Then
        blnStatue=swDraw.Create3rdAngleViews2(swModel.GetPathName)
    Else
        blnStatue=swDraw.Create1stAngleViews2(swModel.GetPathName)
    End If

    '插入注释(在每一个视图里面插入注释)
    swDraw.InsertModelAnnotations3(0,
        swInsertAnnotation_e.swInsertDimensionsMarkedForDrawing +
        swInsertAnnotation_e.swInsertNotes,True,True,True,False)
Next
```

插入注释之后的效果图如图 7-3 所示。

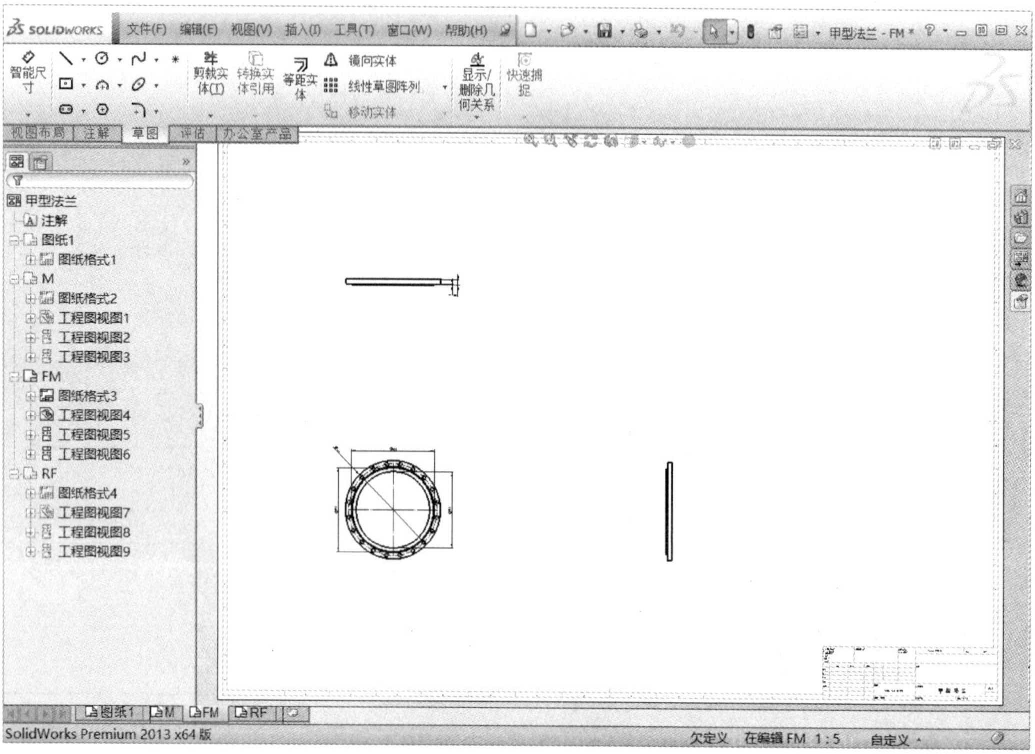

图 7-3 插入注释

7.3 遍历工程视图

在 While Loop 语句中使用 Drawing::GetFirstVew 方法和 View::GetNextView 方法遍历工程视图图纸中所有视图，同时测试视图指示器的有效性。当从 View::GetNextView 方法获得视图指示器为 Nothing 时，循环结束。类似这种遍历在二次开发中经常用到，比如前面遍历特征时用到的 GetFirstFeature 和 GetNextFeature。

下面几步代码演示了在工程图文件中遍历视图。

```
'创建视图
For i=0 To UBound(objConfigName)
    strConfigName=objConfigName(i)
    blnStatue=swDraw.NewSheet3(strConfigName,TemplateSize,PaperSize,1,2,
Not ThirdAngle,"",0.0#,0.0#,"")

    '创建视图
```

```
    If ThirdAngle=True Then
        blnStatue=swDraw.Create3rdAngleViews2(swModel.GetPathName)
    Else
        blnStatue=swDraw.Create1stAngleViews2(swModel.GetPathName)
    End If

    '插入注释(在每一个视图里面插入注释)
     swDraw. InsertModelAnnotations3 ( 0, swInsertAnnotation _ e. swInsert
DimensionsMarkedForDrawing +  swInsertAnnotation _ e. swInsertNotes, True,
True,True,False)

    '遍历图纸中的每一个视图
    swView=swDraw.GetFirstView
    While Not swView Is Nothing
        swView.ReferencedConfiguration=strConfigName
        swView=swView.GetNextView
    End While

    '强制重建
    Dim RebuildSuccess As Boolean
    RebuildSuccess=swDraw.ForceRebuild3(True)
Next
```

这里需要注意的是,使用 Drawing::GetFirstVew 方法和 View::GetNextView 方法是遍历工程图所有的视图,而不是某一个特定配置的视图。

7.4 工程图的另存为

在实际使用中,往往需要将工程图发送到其他系统打印或者查看。使用 ModelDocExtension::SaveAs 方法可以将工程图保存为其他文件格式,见表 7-4。

```
ModelDocExtension::SaveAs
retval=ModelDocExtension::SaveAs (Name,Version,Options,ExportData,Errors,
Warnings)
```

表 7-4 另存为

类型	参数	含义
输入	(String)Name	文件的新名字,文件扩展名显示要进行的转换

续表7-4

类型	参数	含义
输入	(Integer)Version	保存文件的格式,定义在 swSaveAsVersion_e; swSaveAsCurrentVersion 0=This is the typical save behavior.; swSaveAsDetachedDrawing 4; swSaveAsFormatProE 2; swSaveAsStandardDrawing 3
输入	(Integer)Options	指示如何保存文件,定义在 swSaveAsOptions_e
输入	(Object)ExportData	用于将图纸导成 PDF 或 Nithing; False=删除重复注释
输出	(Integer)Errors	保存失败的错误类型,定义在 swFileSaveError_e
输出	(Integer)Warnings	保存操作产生的其他警告或额外信息,定义在 swFileSaveWarning_e
输出	(Boolean)retval	True 表示成功,False 表示失败

在该方法中,Errors 和 Warnings 两个参数为函数的输出值,该输出值主要是帮助我们分析保存失败的信息,从而更好地使用该函数。这种方法在我们实际编程中也经常用到,虽然函数的主输出为一个对象,但是我们可以将输出值放在函数的参数里面,使用按地址传值的方法,从而使函数的输出变得多样化。只是这种按地址传值需要预先定义,否则会报错。

该部分的代码如下:

```
'创建视图
For i=0 To UBound(objConfigName)
    strConfigName=objConfigName(i)
    blnStatue=swDraw.NewSheet3(strConfigName,TemplateSize,PaperSize,1,2,
Not ThirdAngle,"",0.0#,0.0#,"")

    '创建视图
    If ThirdAngle=True Then
        blnStatue=swDraw.Create3rdAngleViews2(swModel.GetPathName)
    Else
        blnStatue=swDraw.Create1stAngleViews2(swModel.GetPathName)
    End If

    '插入注释(在每一个视图里面插入注释)
```

```
    swDraw.InsertModelAnnotations3(0,
        swInsertAnnotation_e.swInsertDimensionsMarkedForDrawing +
        swInsertAnnotation_e.swInsertNotes,True,True,True,False)

    '遍历图纸中的每一个视图
    swView=swDraw.GetFirstView
    While Not swView Is Nothing
        swView.ReferencedConfiguration=strConfigName
        swView=swView.GetNextView
    End While

    '强制重建
    Dim RebuildSuccess As Boolean
    RebuildSuccess=swDraw.ForceRebuild3(True)

    '图纸的另存为
    Dim SaveAsPath As String="C:\Temp\"
    Dim swExportPDFData As ExportPdfData
    Dim errors As Integer
    Dim warning As Integer
    '需要将对象向上转型
    swModel=swDraw
    swModExt=swModel.Extension
    swExportPDFData = swApp. GetExportFileData ( swExportDataFileType _ e.
swExportPdfData)
    blnStatue=swModExt.SaveAs(SaveAsPath + strConfigName + ".DXF",0,
    swSaveAsOptions_e.swSaveAsOptions_Silent,_
                                swExportPDFData,errors,warning)
    blnStatue=swModExt.SaveAs(SaveAsPath + strConfigName + ".DWG",0,
            swSaveAsOptions_e.swSaveAsOptions_Silent,_
                                swExportPDFData,errors,warning)
    blnStatue=swModExt.SaveAs(SaveAsPath + strConfigName + ".JPG",0,
            swSaveAsOptions_e.swSaveAsOptions_Silent,_
                                swExportPDFData,errors,warning)
    blnStatue=swModExt.SaveAs(SaveAsPath + strConfigName + ".TIF",0,sw
            SaveAsOptions_e.swSaveAsOptions_Silent,_
                                swExportPDFData,errors,warning)
Next
```

上面代码中 SaveAs 的参数 ExportData 需要用 swApp.GetExportFileData 来获取，

且 SaveAs 的方法是 ModelDocExtension 的方法，因此需要将 swDraw 向上转型。如图 7-4 为工程图另存的结果。

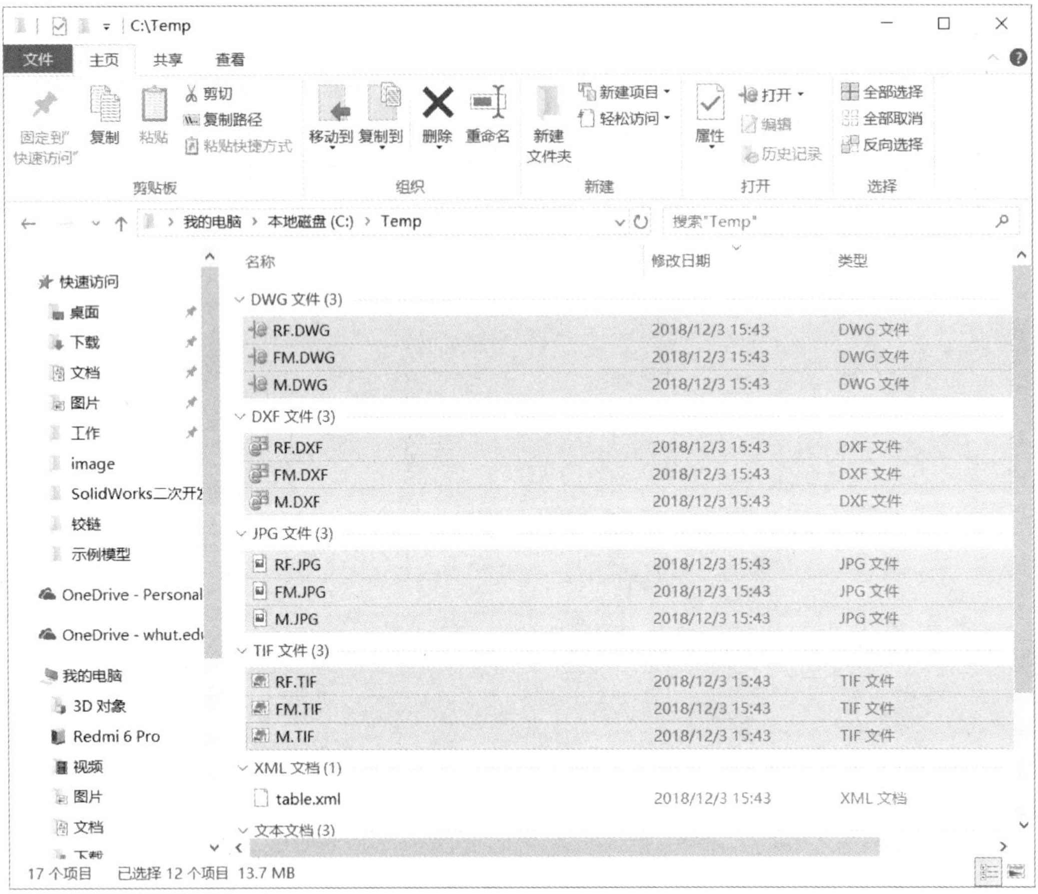

图 7-4　工程图另存的结果

7.5　插入材料明细表

BOM 表的重要性在制造行业中是不言而喻的，因此在产品工程图中插入指定模板的 BOM 表，以及提取 BOM 表里面的数据的技术显得尤为重要。在 SolidWorks 的二次开发中，提供的接口为 View::InsertBomTable4，其具体语法如表 7-5 所示。

```
View::InsertBomTable4
retval= View:: InsertBomTable4 (UseAnchorPoint, X, Y, AnchorType, BomType,
Configuration,TableTemplate,Hidden,IndentedNumberingType,DetailedCutList)
```

表 7-5 插入明细表

类型	参数	含义
输入	(Boolean) UseAnchorPoint	是否将 BOM 表插入到定位的点，False 表示不是，True 表示插到参数二和参数三所确定的位置
输入	(Double) X	插入的横坐标的值
输入	(Double) Y	插入的纵坐标的值
输入	(Integer) AnchorType	swBOMConfigurationAnchor _ BottomLeft 3 = Lower-left corner：左下角； swBOMConfigurationAnchor _ BottomRight 4 = Lower-right corner：右下角； swBOMConfigurationAnchor_TopLeft 1=Upper-left corner：左上角； swBOMConfigurationAnchor _ TopRight 2 = Upper-right corner：右上角
输入	(Integer) BomType	swBomType_Indented 3：缩进； swBomType_PartsOnly 1：仅零件； swBomType_TopLevelOnly 2：仅顶层
输入	(String) Configuration	表示所选择的配置名称：注意当第五个参数选择"swBomType_TopLevelOnly 2：仅顶层"时配置名赋空值。除此之外要写出正确的配置名，可以用 IBomFeature：：GetConfigurations 得到配置名
输入	(String) TableTemplate	BOM 表模板的路径
输入	(Boolean) Hidden	表示是否显示插入 BOM 表，True 表示隐藏，False 表示显示
输入	(Interge) IndentedNumberingType	表示定义的编号类型，只有材料明细表类型选择"swBomType_Indented 3：缩进"时有用。 swNumberingType_Detailed(1)：详细编号； swNumberingType_Flat(2)：简单编号； swNumberingType_None(0)：无编号； 当材料明细表类型不选择"swBomType_Indented 3：缩进"时用这个值

续表7-5

类型	参数	含义
输入	(Boolean) DetailedCutList	是否显示切割清单。只有材料明细表类型选择"swBomType_Indented 3:缩进"时有用。True 表示显示,false 表示不显示。切割清单主要是在钣金设计时候用到
输出	(BomTableAnnotation) retval	返回 BOM 表对象的注释,可以通过这个对象获取里面的数据

插入 BOM 表的主要步骤为:

(1) 选中要插入 BOM 表的视图,并激活视图。

(2) 选择 BOM 表的模板。

(3) 确定 InsertBomTable4 函数中的参数值。

7.6 获取 BOM 表中的数据

在实际设计中,可能需要读取 BOM 表里面的数据用作其他的用途,例如将 BOM 表的数据上传到数据库,为后面产品的数据分析提供数据,为公司的决策和发展提供数据支撑。

InsertBomTable4 方法返回的是 BomTableAnnotation 对象,但是 BomTableAnnotation 对象并没有提供直接访问表里面数据的接口,因此需要将类型进行转化。从 SolidWorks 的 API 层级关系中,我们可以得知,BomTableAnnotation 是属于 TableAnnotation 对象的下一层级的对象,类似 Modeldoc2 和 PartDoc 的关系,因此需要将 BomTableAnnotation 向上转型为 TableAnnotation 对象,然后利用 TableAnnotation 对象提供的方法 TableAnnotation::Text(Row,Column)来访问表格里面的数据,Text(Row,Column)的语法如表 7-6 所示。

```
TableAnnotation::Text
retval=TableAnnotation.Text (Row,Column)
```

表 7-6　TableAnnotation::Text 中参数含义

类型	参数	含义
输入	(Integer)Row	行的索引,注意:索引值是从 0 开始的
输入	(Integer)Column	列的索引,注意:索引值是从 0 开始的
输出	(String)retval	返回单元格的值

下面的代码是将 BomTableAnnotation 里的数据写入到二维数组里面的关键代码：

```
'声明 TableAnnotation 对象
Dim swTable As TableAnnotation
'将 BomTableAnnotation 对象向上转型
swTable=BomTableAnnotation

'定义数组的大小
Dim rowCount As Integer=swTable.RowCount()
Dim columnCount As Integer=swTable.ColumnCount()
Dim ArrstrData(rowCount-1,columnCount-1) As String

'利用循环将数据写入到数组中
For i=0 To rowCount -1
    For j=0 To columnCount -1
        ArrstrData(i,j)=swTable.Text(i,j)
    Next
Next
```

第 8 章　综合实例——管壳式换热器参数化设计系统

8.1　管壳式换热器介绍

换热器是一种在两种或两种以上不同温度的流体间实现热量传递的设备。在换热器中，热量由温度较高的流体传递给温度较低的流体，使流体温度达到设计规定的指标。在众多的换热器类型中，由于管壳式换热器具有结构简单、造价低、流通界面较宽、易于清洗水垢，且可以用各种结构材料(主要是金属材料)制造，能在高温、高压下使用等特点，使其成为目前应用最广的类型。

如图 8-1 所示为管壳式换热器的典型结构，主要由壳体、传热管束、管板、折流板、管箱、支座等部件组成。壳体多为圆筒形，一般内径大于 400mm 时采用卷制圆筒，不足 400mm 时采用钢管制圆筒。管束两端采用强度胀、强度焊等方式固定在管板上，管板一般通过焊接的方式与壳体连接，也可采用可拆式连接。通常在壳体内安装若干折流板，其作用是提高壳内流体流程，使流体反复多次横掠过换热管束，增强流体湍流程度，达到提高换热效率的目的，同时对管束也起到一定的支撑作用。此外，管壳式换热器的结构根据工况的不同还包括膨胀节、导流筒、防冲板、防短路结构、拉杆与定距管以及补强圈等。

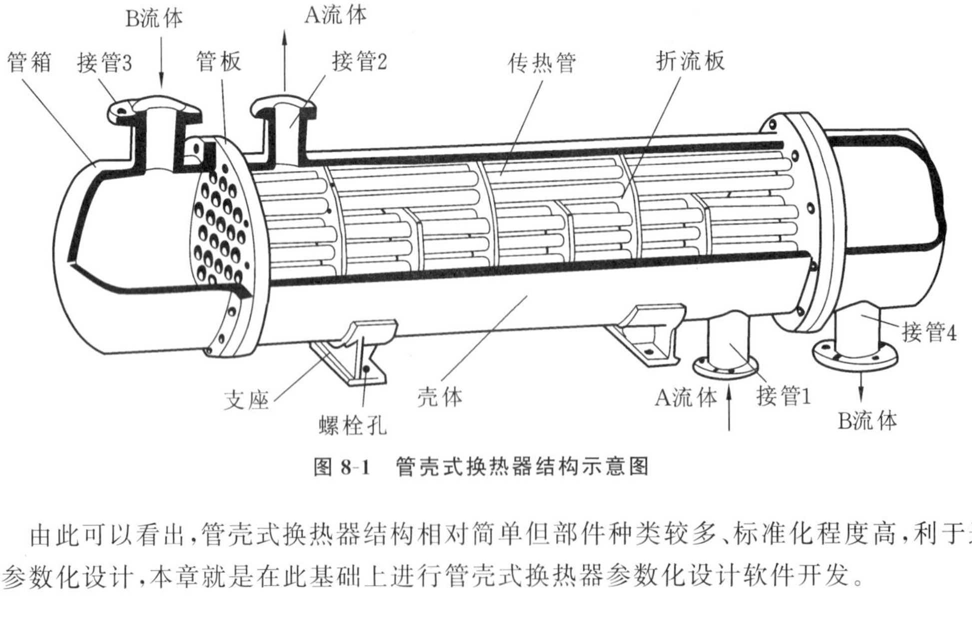

图 8-1　管壳式换热器结构示意图

由此可以看出，管壳式换热器结构相对简单但部件种类较多、标准化程度高，利于进行参数化设计，本章就是在此基础上进行管壳式换热器参数化设计软件开发。

8.2　数据库和数据表设计

在软件开发过程，往往需要保存数据和读取数据，由于数据库提供了方便的增、删、改、查等操作，使得数据库在软件开发过程中几乎是必备的。在本项目中是利用 SQL Server 2017 数据库系统作为管壳式换热器参数化设计系统的后台数据库，数据库的名称为 HeatExchangerDesign，由于该项目比较简单，只包含了表 ProductInfo 和表 UserInfo，详细信息如图 8-2 所示。

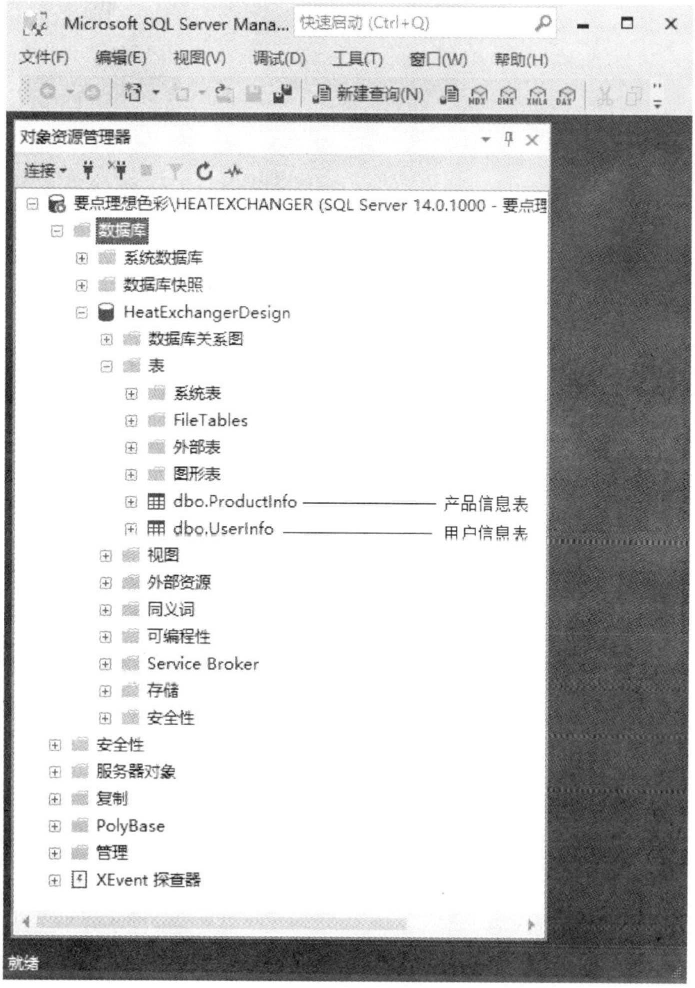

图 8-2　管壳式换热器参数化设计系统中用到的数据表

8.2.1　数据库设计

数据库是管壳式换热器参数化设计系统的数据集合，其结构设计的好坏直接影响着系统功能和性能。本系统的数据库名称为 HeatExchangerDesign。

在 SQL Server 2017 中创建 HeatExchangerDesign 数据库的具体步骤如下：

(1) 启动 Microsoft SQL Server 2017 Managerment Studio。

(2) 在弹出的“连接到服务器”对话框中，输入服务器名称，身份验证方式等信息后，单击“连接”按钮，如图 8-3 所示，将进入到 SQL Server Managerment Studio 界面。在左侧的“对象资源管理器”的数据库节点上单击鼠标右键，在弹出的快捷菜单中选择“新建数据库”命令，如图 8-4 所示。

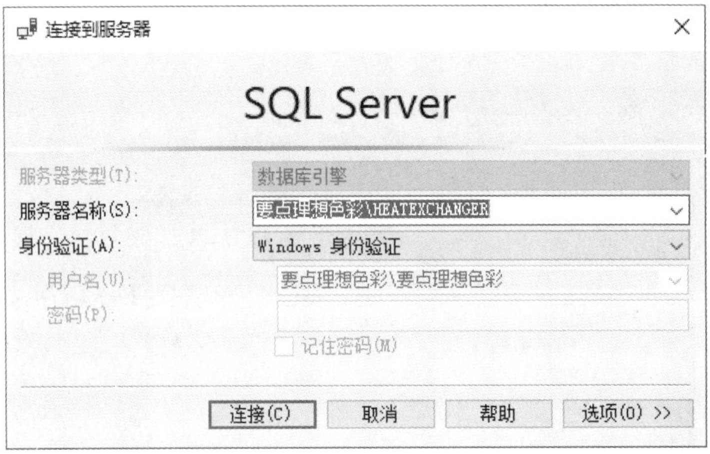

图 8-3　连接服务器

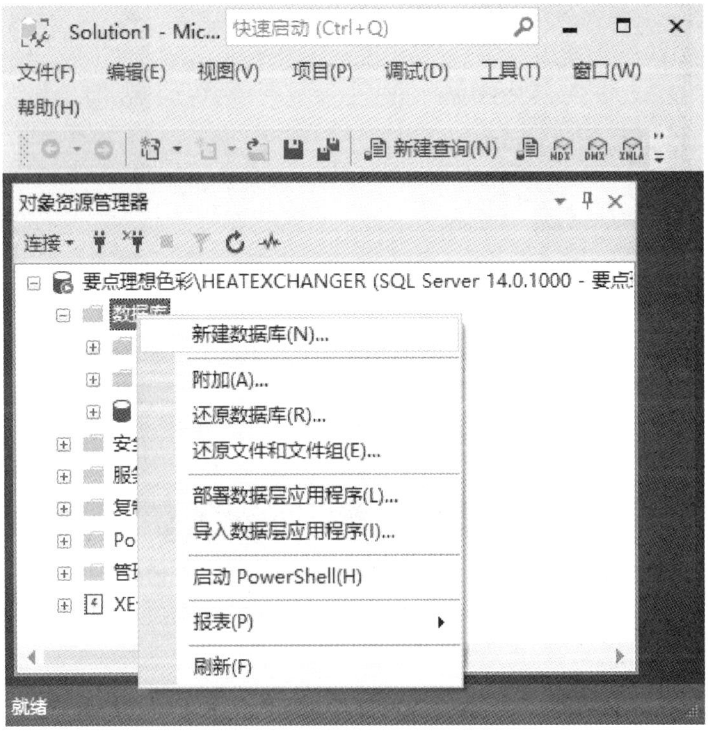

图 8-4　选择“新建数据库”命令

（3）在弹出的"新建数据库"对话框中输入数据库名称 HeatExchangerDesign。单击"确定"按钮即可，如图 8-5 所示。

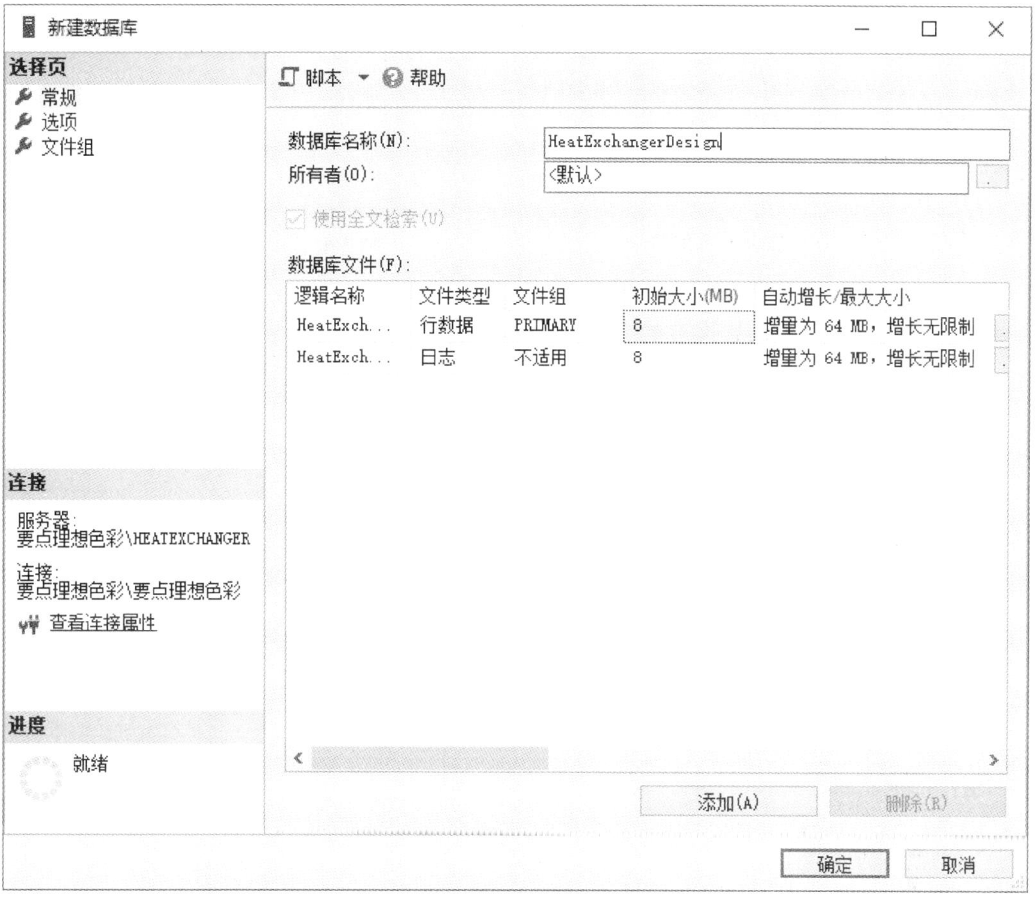

图 8-5　"新建数据库"对话框

8.2.2　数据表设计

在已创建的数据库 HeatExchangerDesign 中创建 2 个数据表，下面以 UserInfo 数据表为例介绍创建数据表的过程。

（1）展开新建的"HeatExchangerDesign"/"表"节点，在"表"节点单击鼠标右键，在弹出的快捷菜单中选择"表"命令，如图 8-6 所示。

图 8-6　选择"表"命令

（2）在表中输入创建表的字段名称，然后选择数据类型，并设置主键关系，如图 8-7 所示。

（3）添加了所有的字段后，单击"保存"按钮，弹出“选择名称”对话框，输入要新建的表名 UserInfo，单击“确定”按钮，即可在数据库中添加一个表，如图 8-8 所示。

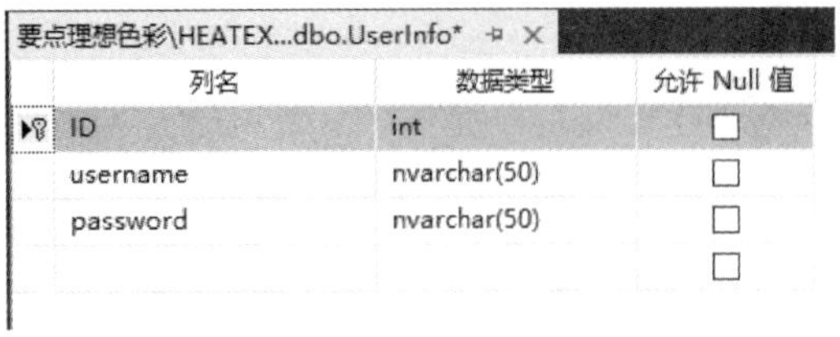

图 8-7　在新建表中添加字段

图 8-8　“选择名称”对话框

由于篇幅有限，其他数据表的创建过程这里就不介绍了，读者可以结合下面给出的数据结构，创建其他数据表。

产品信息表的名称为 ProductInfo，主要用于存储产品的信息的，其结构表 8-1 所示。

表 8-1　ProductInfo 产品信息表

字段名称	数据类型	字段大小	是否主键	说明
ID	nvarchar	50	是	产品编号
A_CompanyName	nvarchar	100	否	甲方公司名称
A_AddressProvince	nvarchar	20	否	甲方公司所在的省
A_AddressCity	nvarchar	20	否	甲方公司所在的市
A_AddressCounty	nvarchar	20	否	甲方公司所在的县
A_Contact	nvarchar	20	否	甲方负责人名字
A_ContactInfo	nvarchar	20	否	甲方联系方式
B_CompanyName	nvarchar	100	否	乙方公司名称
B_AddressProvince	nvarchar	20	否	乙方公司所在的省
B_AddressCity	nvarchar	20	否	乙方公司所在的市
B_AddressCounty	nvarchar	20	否	乙方公司所在的县
B_Contact	nvarchar	20	否	乙方负责人名字
B_ContactInfo	nvarchar	20	否	乙方联系方式

8.3　开发环境

本系统的推荐开发环境如下：

☑ 操作系统：Windows 10。

☑ 开发工具：Visual Studio 2017。

☑ 数据库软件：Microsoft SQL Server 2017。

☑ 数据库管理软件：Microsoft SQL Server Management Studio 17。

☑ 运行平台：Windows 各个版本。

☑ 分辨率：最佳效果 1366×768 像素。

☑ SolidWorks 版本：SolidWorks 2017。

8.4　创建项目

在前面章节已经提到过，SolidWorks 二次开发有两种形式，即插件（*.Addin）和独立运行程序（*.exe）形式，本项目用的是独立运行程序形式。管壳式换热器参数化设计系统是使用 Visual Studio 2017 开发的一个项目，在 Visual Studio 2017 中创建“管壳式换热器参数化设计系统”项目的具体步骤如下：

（1）启动 Visual Studio，在 Visual Studio 工作台中选择“文件”/“新建项目”命令，如图 8-9 所示。

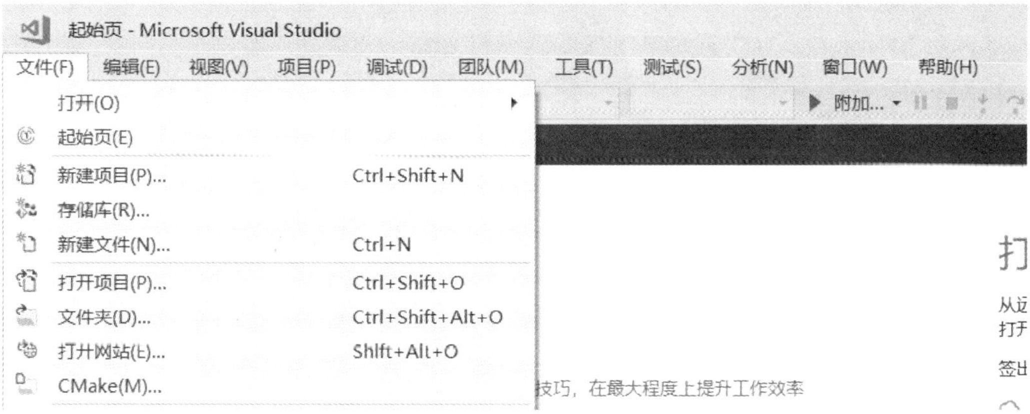

图 8-9　选择“文件”/“新建项目”命令

（2）弹出“新建项目”对话框，在对话框左侧，选中“Windows 经典桌面”，在中间选择“Windows 窗体应用(.NET Framework)”，在“名称”文本框中输入新建项目名称，在本项目中填入“管壳式换热器参数化设计系统”，然后单击“确定”按钮，如图 8-10 所示。

图 8-10 “新建项目”对话框

（3）系统会创建默认窗体 Form1，如图 8-11 所示。点击菜单栏里面的“全部保存”命令（快捷键“Ctrl＋Shift＋S”）。

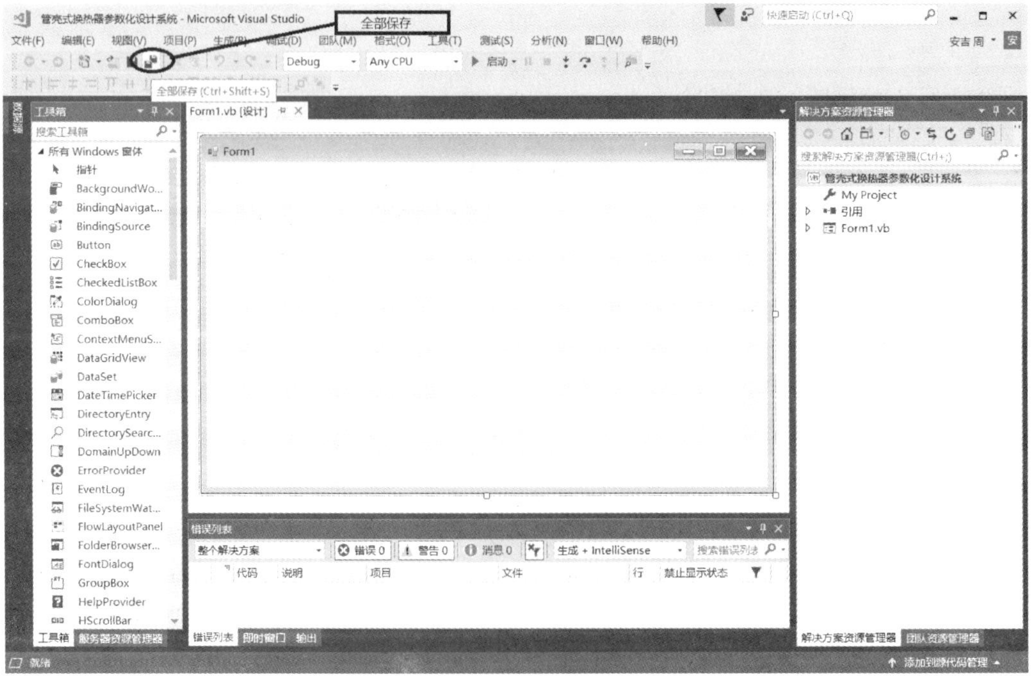

图 8-11 新建项目初始界面

(4) 弹出“保存项目”对话框，在“名称”文本框中输入新建项目名称，这里填写“管壳式换热器参数化设计系统”，在“位置”文本框中选择项目保存的位置，可以选择默认位置，也可以单击“浏览”按钮指定具体位置，在“解决方案名称”文本框中填入“管壳式换热器参数化设计系统”，单击“保存”按钮，如图 8-12 所示。

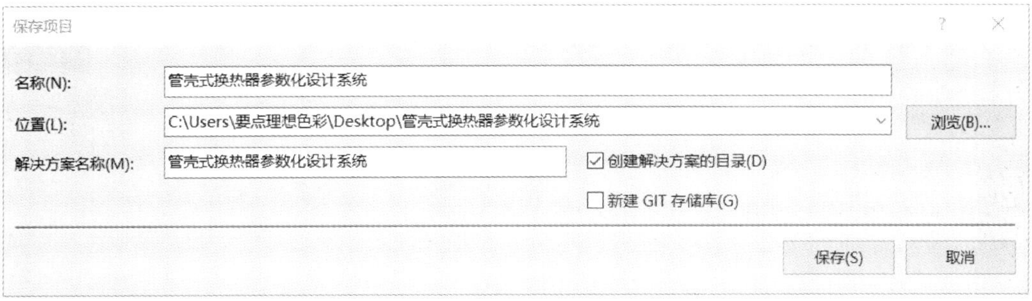

图 8-12　“保存项目”对话框

8.5　公共类设计

8.5.1　ExceptionLogXML 类

在软件开发过程中，出现错误是不可避免的，只有找到错误原因及其位置，我们才能解决问题，因此创建记录异常的类就显得尤为重要。同时为了方便以后查看和处理，错误异常信息保存的文件选择 XML 格式。

XML(Extensible Markup Language)为可扩展标记语言，这里给出 XML 文档典型实例。

下面是 John 写给 George 的便签，存储为 XML：

```
<note>
<to>George</to>
<from>John</from>
<heading>Reminder</heading>
<body>Don't forget the meeting! </body>
</note>
```

上面的这条便签具有自我描述性。它拥有标题以及留言，同时包含了发送者和接受者的信息。

在本项目中，我们创建 ExceptionLogXML 类来记录异常信息，添加 ExceptionLogXML 类的步骤如下：

(1) 在 Visual Studio 界面中选择“项目”/“添加类”命令，如图 8-13 所示。

图 8-13　选择“项目”/“添加类”命令

(2) 弹出“添加新项”对话框，在“名称”文本框中填入 ExceptionLogXML，点击“添加”按钮，如图 8-14 所示，其结果如图 8-15 所示。

图 8-14　“添加新项”对话框

由于该类涉及到 XML 文档的操作，因此需要添加 XML.Linq 的引用，添加步骤如下：

(1) 在界面右边选择“解决方案资源管理器”/“引用”/“添加引用”命令，如图 8-16 所示。

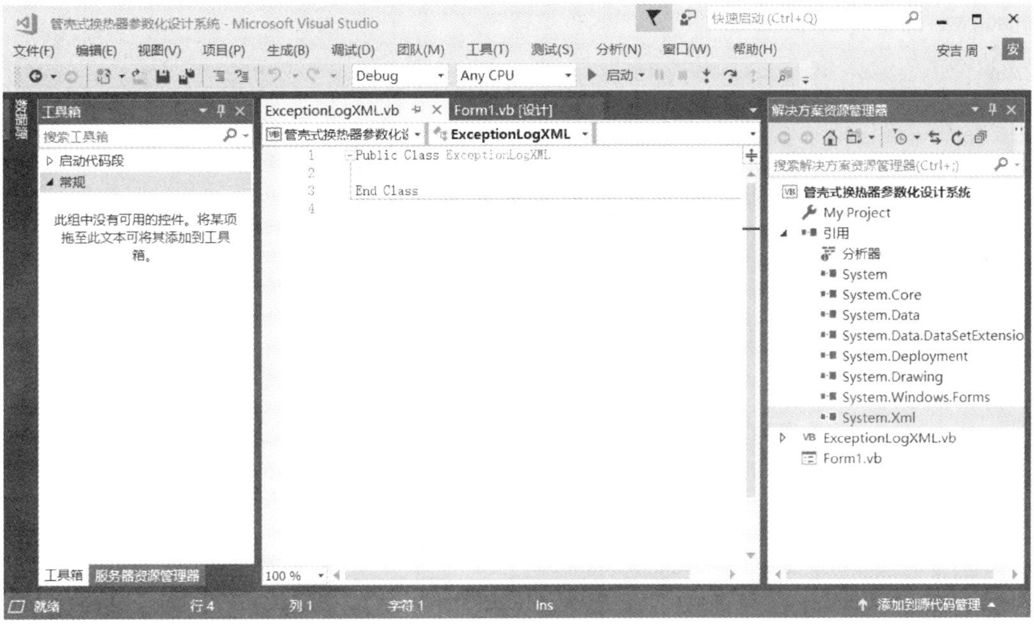

图 8-15 “添加新类”结果图

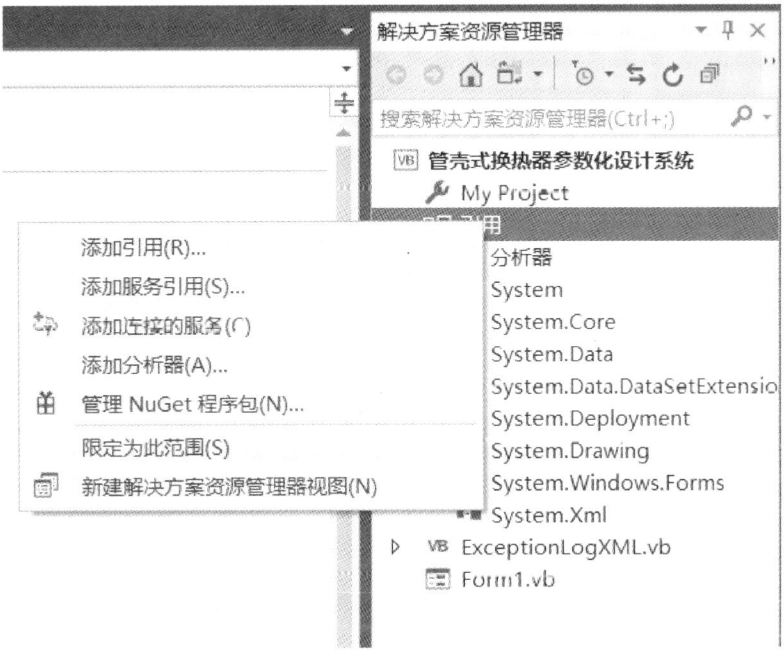

图 8-16 “添加引用”命令

(2) 弹出“引用管理器”对话框，在对话框中点击左边“程序集”，选择“System.Xml.Linq”，然后点击“确定”按钮，如图 8-17 所示。

(3) 在界面右边“解决方案资源管理器”中可以看到变化，添加结果如图 8-18 所示。

图 8-17 “引用管理器”对话框

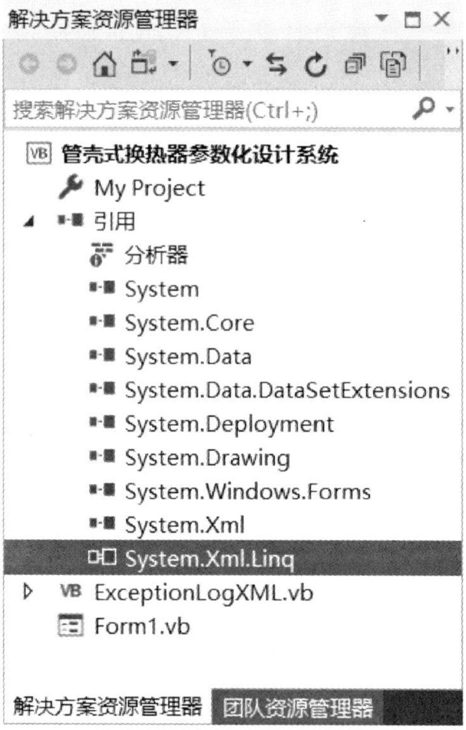

图 8-18 添加 Xml.Linq 引用结果

下面给出 ExceptionLogXML 创建的关键代码：

```
Imports System.IO
Public Class ExceptionLogXML
```

```
    Private proFileName As String                'ExceptionLog文件的路径
    '创建带参数的New方法
    Public Sub New(ByVal FilePath As String)
        proFileName=FilePath                     '给proFileName赋值
    End Sub
    ''' <summary>将错误信息写入到XML文件中</summary>
    ''' <param name="ErrNumber">错误代码</param>
    ''' <param name="ErrDescription">错误描述</param>
    ''' <param name="ExToString">错误详细信息</param>
    Public Sub Write(ByVal ErrNumber As Integer,ByVal ErrDescription As
String,ByVal ExToString As String)
        Dim time As String=Format(Now(),"yyyy/MM/dd") '定义时间格式
        '判断文件是否存在;若存在,则加载;否则,则创建
        If File.Exists(proFileName) Then
            Dim XEle As XElement=XElement.Load(proFileName) '获取XML的元素
            '获取最后一个节点的time的属性值
            Dim LastXEle As XElement=XEle.LastNode
            Dim DateTime As String=LastXEle.Attribute("time").Value

            '判断新的节点是否是今天的,如果是,则在该节点下面添加<ErrDetailes>新
            的节点,
            '如果否,则创建新的节点<date>
            If DateTime=time Then
                '获取今天节点最后一个子节点的ID值
                Dim LastSubXEle As XElement=LastXEle.LastNode
                Dim ID As Integer=CInt(Val(LastSubXEle.Attribute("Id").Value))
                '添加新的ID的节点<ErrDetailes>
                Dim NewXEle As New XElement("ErrDetailes",New XAttribute("
  Id",ID + 1),
                                New XElement("ErrNumber",ErrNumber),
                                New XElement("ErrDescription",ErrDescription),
                                New XElement("ErrLocation",ExToString))
                '将新的节点添加到父节点<Date>
                LastXEle.Add(NewXEle)
            Else
                '创建新的节点<date>
                Dim NewXEle As New XElement("Date",New XAttribute("time",time),
                              New XElement("ErrDetailes",New XAttribute("Id",1),
```

```
                    New XElement("ErrNumber",ErrNumber),
                    New XElement("ErrDescription",ErrDescription),
                    New XElement("ErrLocation",ExToString))
                       )
            '将新的节点添加到父节点<Root>
            XEle.Add(NewXEle)
        End If
        '保存修改
        XEle.Save(proFileName)
    Else
        '不存在,则创建
        '创建 XDocument 文件,
        Dim XDoc As New XDocument(New XDeclaration("1.0","utf-8","yes"))
        '添加根元素 Root
        Dim rootXElement As New XElement("Root")
        '添加新的节点<date time="2018/12/25">
        Dim NewXEle As New XElement("Date",New XAttribute("time",time),
                    New XElement("ErrDetailes",New XAttribute("Id",1),
                    New XElement("ErrNumber",ErrNumber),
                    New XElement("ErrDescription",ErrDescription),
                    New XElement("ErrLocation",ExToString))
                       )
        '将新的节点添加到父节点<Root>
        rootXElement.Add(NewXEle)
        '将根元素添加到 XDoc 中
        XDoc.Add(rootXElement)
        '保存 XDoc 文档
        XDoc.Save(proFileName,SaveOptions.None)
    End If
  End Sub
End Class
```

ExceptionLogXML 的主要思路是：

在创建该类的时候，给该类的 proFileName 属性赋值，指定 XML 保存的路径。在写入异常信息的时候，首先判断该文件是否存在。

(1) 若存在则根据文件路径加载该 XML 文件，获取上次写入异常信息的时间节点。判断该时间节点是否是今天，如果是则在该节点下面添加新的异常信息，否则创建今天的节点，并写入异常信息。

(2) 若不存在则根据文件路径创建新 XML 文件,并在根节点上面添加待写入的异常信息。

8.5.2 PublicData 模块

在软件开发过程中,存在着一些数据和方法是所有类所共享的,因此需要创建一个模块用于保存这些数据,在该项目中创建 PublicData 模块来保存这些数据。创建方法是选择菜单栏里面"项目"/"添加模块"命令,在弹出"添加新项"对话框中,将其名字设置为 PublicData。该模块部分代码如下:

```
Module PublicData
    '声明 ExceptionLog 类
    Public m_ExceptionLogXML As ExceptionLogXML
    '声明主窗体类
    Public m_frmMain As FrmMain
    'SolidWorks 对象实例
    Public m_swApp As SolidWorks.Interop.sldworks.SldWorks
    '换热管点阵草图
    Public m_SketchPointF As PointF()
    '定义当前程序运行路径
    Public m_CurrentDir As String
    '工程图模板
    Public m_DrawTemplate As String
End Module
```

将变量保存到模块里面的好处就是可以直接使用,不需要像类一样先进行实例化,然后再获取里面的属性值或者调用里面的方法。在模块里面的变量前面添加前缀"m_"以区分其他变量。

8.5.3 Dao 公共类

在软件开发过程中,只要涉及到数据库,一般都创建一个数据库类,同样本项目也创建了数据库类 Dao,它的全称是 Data Access Object,即数据库访问类。该类主要提供了数据连接,数据库中相关的增、删、改和查等相关操作。先看一下 Dao 类的定义,关键代码如下:

```
Imports System.Data.SqlClient
Public Class Dao
    '数据库连接字符
    Public Shared Connstr As String
End Class
```

在 Dao 定义中,定义了数据库连接字符 Connstr,该类的属性和方法都定义为 Public

Shared，这就意味着在设置或获取 Dao 类的属性以及调取方法的时候，不需要先实例化该类，直接通过【类.属性】和【类.方法】的方式设置或调取属性值，比如直接通过 Dao.Connstr＝“数据库连接字符串”形式来给属性 Connstr 赋值。

同样为了方便程序移植，数据库的连接字符被保存到初始化文件 init.xml 中，通过获取初始化文件中的信息来获得数据库连接字符串，下面简单介绍一下配置文件 init.xml 添加步骤。

(1) 选择“项目”/“添加新项”命令，在弹出“添加新项”对话框中，选择左边中“常用项”下面的“常规”并点击，其结果如图 8-19 所示。选择“xml 文件”，并将其名称设置为 init.xml。

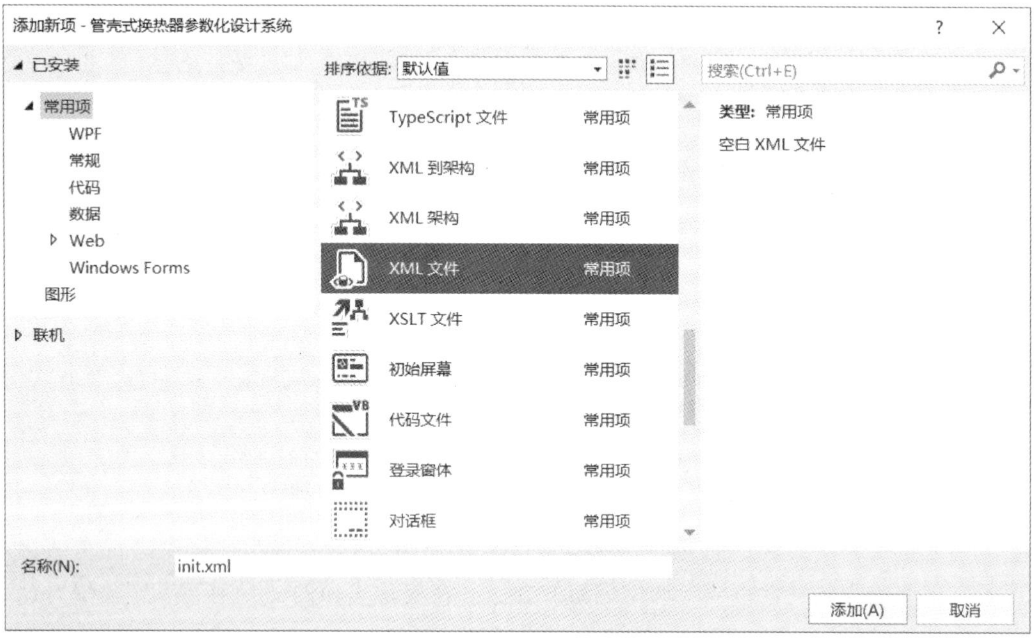

图 8-19　添加配置文件

(2) 打开 init.xml，在编辑窗口写入以下信息。

```
<?xml version="1.0" encoding="utf-8" ? >
<init>
<!--数据库连接字符串(已加密)-->
  <sql connection="QCFRSCXH/lh8pbPAeQnxv5sBe0mwS1tXoQ3l1iQp/ec0fs
AD1TBRgrQwCwASZMtGyrgSbRjbzRLgf4N4tSERE92lUKda3foyUSybgk9KiGy4PZalgO8xvb
9byBzw5YnBB5CoAIsuPxQ="></sql>
</init>
```

由于数据库的连接字符串属于敏感信息，里面主要包括数据库的 IP 地址、数据库的名称、连接端口、登录用户名和密码，因此需要进行加密。可以简单写一套可逆的字符串加密和解密程序，进行数据的保密。

1. CheckConnect() 函数

该函数用于检测数据库是否能正常打开，也就是检测指定的数据库连接字符串 Connstr 能否成功连接。函数返回值为布尔值，True 表示连接成功，False 表示连接失败，并且将连接错误以 MsgBox 形式显示出来，同时写进异常记录文件 ExceptionLogXML 中。该函数的关键代码如下：

```
'检查数据库是否能打开
Public Function CheckConnect() As Boolean
    Dim cn As SqlConnection=New SqlConnection(Connstr)
    Try
        cn.Open()
        cn.Close()
        ' 连接成功
        Return True
    Catch ex As Exception
        ' 将异常记录在 ExceptionLogXML 文件中
            PublicSharedData. ExceptionLogXML. Write ( Err. Number, Err.
Description,ex.ToString)
        MsgBox(ex.ToString)
        ' 连接失败
        Return False
    End Try
End Function
```

2. QueryNoResult(ByVal sqlstr As String) 函数

该函数主要是根据 SQL 语句查询数据库，检查是否有结果，但是不返回查询数据。函数返回值为布尔型，True 表示能查询到数据，False 表示不能查询到数据。一般应用在验证用户登录时候。

```
'根据 SQL 语句查询数据库，检查是否存在，不返回查询结果，只提供是否有结果。
Public Function QueryNoResult(ByVal sqlstr As String) As Boolean
    Dim cn As SqlConnection=New SqlConnection(Connstr)
    Dim cmd As SqlCommand=New SqlCommand(sqlstr,cn)
    Try
        cn.Open()
        Return cmd.ExecuteReader().Read()
        cn.Close()
    Catch ex As Exception
            PublicSharedData. ExceptionLogXML. Write ( Err. Number, Err.
Description,ex.ToString)
```

```
        Return False
    End Try
End Function
```

3. QueryToDataSet(ByVal sqlstr As String) 函数

该函数是根据SQL语句查询数据库，返回值为DataSet。DataSet可以当成内存中的数据库，它是不依赖于数据库的数据集合。DataSet由一组DataTable对象组成，而DataTable则类似我们常见的Excel表，由行(DataRow)和列(DataColumn)组成。该函数的主要思路是利用适配器SqlDataAdapter去填充DataSet。关键代码如下：

```
'根据SQL语句查询数据库，返回DataSet
Public Function QueryToDataSet(ByVal sqlstr As String) As DataSet
    '定义函数返回值
    Dim ReturnResult As New DataSet
    Dim cn As SqlConnection=New SqlConnection(Connstr)
    Dim SqlDataAdapter As SqlDataAdapter
    Try
        cn.Open()
        SqlDataAdapter=New SqlDataAdapter(sqlstr,cn)
        SqlDataAdapter.Fill(ReturnResult)
        cn.Close()
        Return ReturnResult
    Catch ex As Exception
        PublicSharedData.ExceptionLogXML.Write(Err.Number,Err.Description,
ex.ToString)
        Return ReturnResult
    End Try
End Function
```

4. QueryToDataTable(ByVal sqlstr As String) 函数

该函数主要是利用SQL语句查询数据库，函数的返回值为DataTable，因为大多数时候返回的是单张数据库的表，没必要用DataSet，直接将数据保存在DataTable表里面就行。其主要思路也是利用适配器SqlDataAdapter去填充数据表DataTale，代码如下：

```
'根据SQL语句查询数据库，返回DataTable
Public Function QueryToDataTable(ByVal sqlstr As String) As DataTable
    Dim ReturnResult As New DataTable
    Dim cn As SqlConnection=New SqlConnection(Connstr)
    Dim SqlDataAdapter As SqlDataAdapter
    Try
```

```
            cn.Open()
            SqlDataAdapter=New SqlDataAdapter(sqlstr,cn)
            SqlDataAdapter.Fill(ReturnResult)
            cn.Close()
            Return ReturnResult
        Catch ex As Exception
            PublicSharedData.ExceptionLogXML.Write(Err.Number,Err.Description,
    ex.ToString)
            Return ReturnResult
        End Try
    End Function
```

5. QueryToArray(ByVal sqlstr As String) 函数

该函数利用 SQL 语句查询数据库,函数的返回值为二维字符串数组,主要思路是利用上面的 QueryToDataTable 函数返回一张 DataTable,再利用表里面的行 DataRow 和其方法 Item 获得每一个单元格里面的数据,然后再将其存储到二维数组里面,关键代码如下:

```
    '根据 SQL 语句查询数据库,返回字符类型的二维数组
    Public Function QueryToArray(ByVal sqlstr As String) As String(,)
        Dim RetResult As String(,)
        '先获取 DataTable
        Dim DataTable As DataTable=QueryToDataTable(sqlstr)

        '获取 DataTable 的行数和列数并重新定义数组维数
        Dim RowCount As Integer=DataTable.Rows.Count
        Dim ColumnCount As Integer=DataTable.Columns.Count
        ReDim RetResult(RowCount - 1,ColumnCount - 1)

        '利用 DataRow 进行每行每列的读取,并赋值给数组。
        Dim DataRow As DataRow()=DataTable.Select()
        For i=0 To UBound(RetResult,1)
            For j=0 To UBound(RetResult,2)
                RetResult(i,j)=DataRow(i).Item(j).ToString
            Next
        Next

        Return RetResult
    End Function
```

6. UpdateSQL (ByVal sqlstr As String) 函数

该函数用于处理 SQL 更新命令，函数的返回值是更新之后受影响的行数，返回类型是 Integer。其主要思路是利用创建 SqlCommad 命令，然后再利用 SqlCommad 的 ExcuteNonQuery 去执行命令，关键代码如下：

```
'根据 SQL 更新命令来更新数据库，返回受影响的行数
Public Function UpdateSQL(ByVal sqlstr As String) As Integer
    Dim cn As SqlConnection=New SqlConnection(Connstr)
    Dim cmd As New SqlCommand With {.CommandText=sqlstr, .Connection=cn}
    Try
        cn.Open()
        '执行 SQL 命令
        UpdateSQL=cmd.ExecuteNonQuery()
        cn.Close()
    Catch ex As Exception
        PublicSharedData.ExceptionLogXML.Write(Err.Number,Err.Description,
ex.ToString)
        Return - 1
    End Try
End Function
```

8.6 界面设计

8.6.1 登陆窗体

该模块的设计与实现方法比较简单，非常适合该项目的起步设计工作，读者可以从最简单的自由布局开始，逐步了解项目开发需要的各种布局和控件的应用。系统登录是项目必需开发的模块，它是系统的安全门，只有提供正确的用户名和登录口令之后，用户才能够进入到管壳式换热器参数化设计系统中进行参数化设计，登录模块的效果如图 8-20 所示。

1. 登陆窗体的设计

在前面创建项目的时候，系统默认创建了 Form1 窗体，现在将 Form1 窗体改为登录窗体 LoginForm。窗体中所有的组件都布置在窗体的内容面板上，而登录窗体的内容面板使用了背景图片来美化。该窗体中用到了常用的控件，窗体中用到的主要控件及其设置如表 8-2 所示。

图 8-20　登陆窗体

表 8-2　登陆窗体中用到的主要控件

类型	名字	主要属性设置	说明
Form	FrmLogin	BackgroundImage 属性设为图片路径	窗体背景色
		BackgroundImagLayout 属性设为 Stretch	背景图形布局
Label	UsernameLabel	Text 属性设置为“用户名(&U)”	用户名标签
	PasswordLabel	Text 属性设置为“密码(&P)”	密码标签
TextBox	txtUsername	无	用户名文本框
	txtPassword	无	密码文本框
Button	OK	Text 属性设置为“登录(&O)”	登录按钮

注意：在控件的 Text 属性值后面加 &P 表示该控件的快捷键为 Alt+P。在该项目中创建了 src 文件夹，在 src 文件夹下面创建了 dll 文件夹和 image 文件夹，在 image 文件夹中存放有登录窗体的背景图片 BackgroundImage.png，其效果如图 8-21 所示。

2. 窗体加载事件

因为登录窗体的窗体加载事件是该项目的程序入口，在这里可以进行一些初始化工作。在此项目中，主要处理实例化异常类 ExceptionLogXML，检查程序运行必备的文件是否缺失，获取数据库连接字符串等工作。关键代码如下：

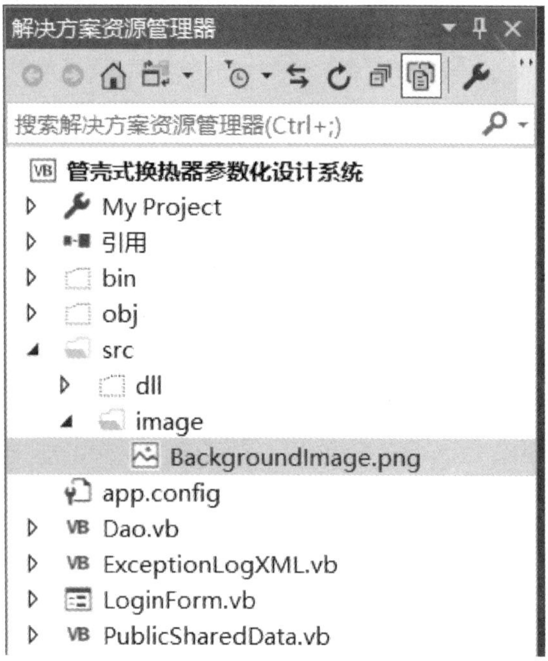

图 8-21　背景图片位置图

```
'窗体加载事件,主要处理一下初始化工作
Private Sub LoginForm1_Load(sender As Object,e As EventArgs) Handles MyBase.Load
    '初始化操作
    Inti()
End Sub

'初始化操作
Private Sub Inti()
    '获取当前程序运行的路径给全局变量
    m_CurrentDir=System.Environment.CurrentDirectory
    '检查 src 文件夹是否存在
    If Directory.Exists(m_CurrentDir & "\" & "src\")=False Then
        MsgBox("资源文件不存在,无法启动程序")
        Close()
    End If
    '获取数据连接字符串,并赋值给全局变量
    Dim initPath As String=m_CurrentDir & "\init.xml"
    If File.Exists(initPath) Then
```

```
        Dao.Connstr=GetSqlConnstr(initPath)
    Else
        MsgBox("缺少初始化文件 inti.xml,启动失败")
        Close()
    End If
    '实例化捕捉异常类
    Dim XMLFilePath As String=CreateExceptionLogXMLPath(m_CurrentDir & "\
ExceptionLog1.XML")
    m_ExceptionLogXML=New ExceptionLogXML(XMLFilePath)
End Sub
```

3. 登录按钮事件

单击"登录"按钮后执行数据库连接检查以及用户名和密码验证工作,如果用户名和密码有效,则启动系统,否则禁止进入系统。

在"登录"按钮中添加 Click 事件,然后调用 Dao 里面的 CheckConnect()方法,如果该方法返回 True,则表示数据连接成功,否则提示数据库连接不成功。然后执行 Dao.QueryNoResult()方法,如果该方法返回 True,则登录成功,进入系统,否则禁止用户登录,并提示输入的用户名和密码无法登录系统。关键代码如下:

```
'登录按钮事件
Private Sub OK_Click (ByVal sender As System.Object, ByVal e As System.
EventArgs) Handles OK.Click
    '创建 SQL 命令
    Dim sqlstr As String =" select ID from UserInfo where username = '" &
txtUsername.Text.Trim() & "' and password='" & txtPassword.Text.Trim() &"'"
    '验证数据库是否连接成功
    If Dao.CheckConnect()=False Then
        MsgBox("数据库连接失败,请检查数据库和网络连接")
        Exit Sub
    End If
    '验证用户登录凭据
    If Dao.QueryNoResult(sqlstr)=False Then
        MsgBox("该用户名和密码无法登录,请联系管理员")
        Exit Sub
    End If
    '启动主窗体,并设置主窗体设计者名字
    m_frmMain=New Frmmain()
    m_frmMain.TxtDesinger.Text=txtUsername.Text.Trim
```

```
        m_frmMain.Show()
        '隐藏窗体当前窗体
        Me.Hide()
    End Sub
```

8.6.2 主窗体

主窗体是人机交互的主体，用户通过主窗体中提供的各种菜单、子窗体等组件进行操作。本系统主界面采用的是MID(即"多文档界面")，类似于Word应用程序，可以同时打开多个窗体进行操作，还可以对打开的功能窗体进行各种操作，如窗口平铺、关闭等，并在菜单中列出当前打开子窗体的名称。窗体中主要包括两个组件：菜单栏MenuStrip1、状态栏StatusStrip1，我们将其分别从工具箱中拖到窗体环境中，效果如图8-22所示。将主窗体的Text属性设为"主界面"，IsMdiContainer属性设为"True"。

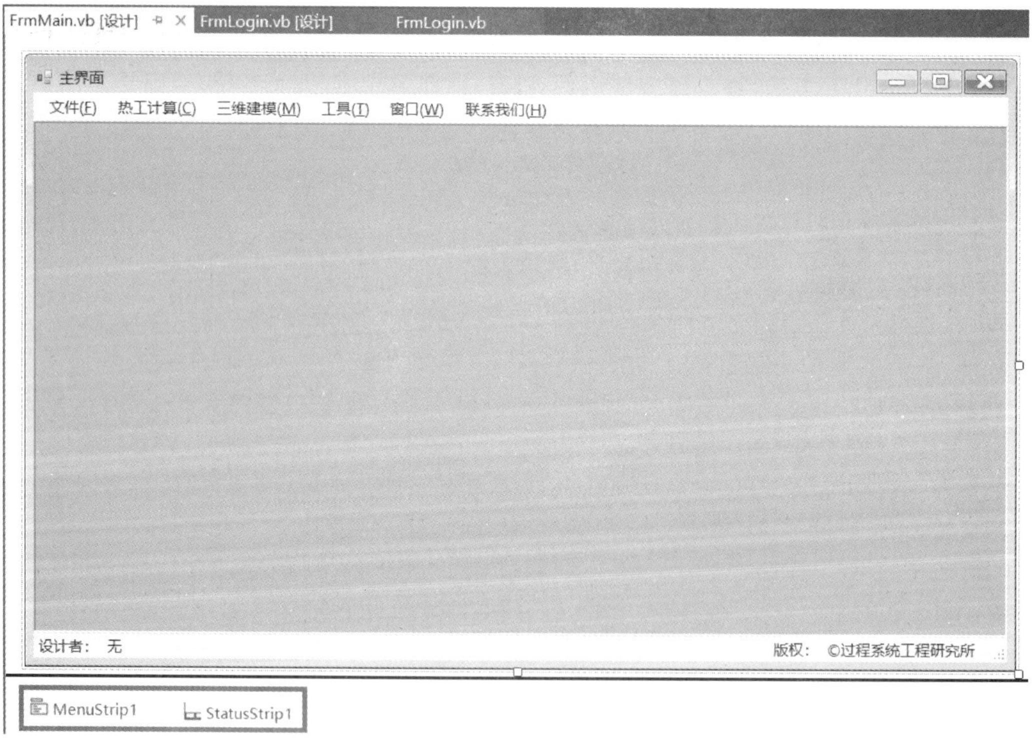

图8-22 主窗体添加两个组件结果图

1. 菜单栏设计

菜单栏的设计工作主要在MenuStrip1的属性Item的值中，点击右边的三点按钮进入设计界面，其设计界面如图8-23所示。

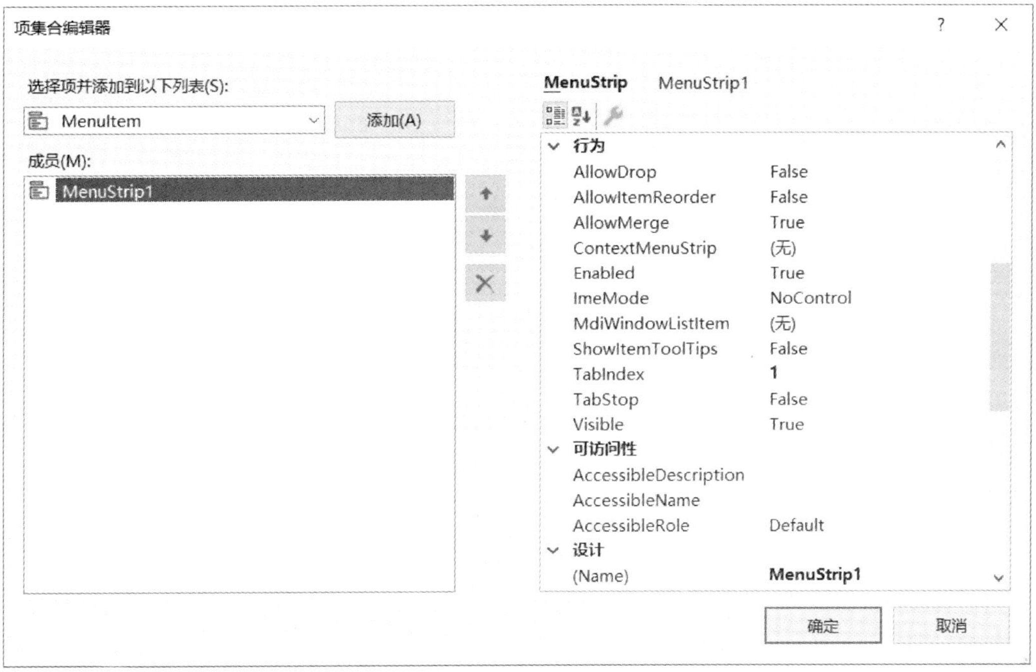

图 8-23　“项集合编辑器”对话框

在图 8-23 中通过点击“添加”按钮来添加菜单子项，该菜单栏的集合中各项的属性如表 8-3 所示。

表 8-3　菜单栏主要用到的控件

组件类型	组件名	主要属性设置
MenuItem	File	Text 属性设为“文件(&F)”； Name 属性设为“File”
	ThermalCal	Text 属性设为“热工计算(&C)”； Name 属性设为“ThermalCal”
	ThreeDModel	Text 属性设为“三维建模(&M)”； Name 属性设为“ThreeDModel”
	Tool	Text 属性设为“工具(&T)”； Name 属性设为“Tool”
	Window	Text 属性设为“窗口(&W)”； Name 属性设为“Window”
	ContactUs	Text 属性设置为“联系我们(&H)”； Name 属性设为“ContactUs”

将表 8-3 中的控件添加到菜单后，其效果如图 8-24 所示。

图 8-24　菜单栏

2. 菜单栏下级菜单设计

(1)“文件”菜单的下拉菜单设计。

在“文件”菜单属性编辑器中，编辑“DropDownItems”属性，弹出“项集合编辑器”对话框，和上一小节中添加一级菜单项一样，添加“文件”菜单的下拉菜单，其下拉菜单的有关控件设置如表 8-4 所示。

表 8-4　“文件”菜单的下拉菜单主要控件

组件类型	组件名	主要属性设置
MenuItem	File_New	Text 属性设为“新建(&N)”；Name 属性设为“File_New”
	File_Open	Text 属性设为“打开(&O)”；Name 属性设为“File_Open”
	File_Save	Text 属性设为“保存(&S)”；Name 属性设为“File_Save”
	File_SaveAs	Text 属性设为“另存为(&A)”；Name 属性设为“File_SaveAs”

将表 8-4 中的控件添加到“文件”菜单下拉菜单中后，其效果如图 8-25 所示。

图 8-25　“文件”菜单的下拉菜单

(2)“三维建模”菜单的下拉菜单设计。

在“三维建模”菜单属性编辑器中，编辑“DropDownItems”属性，弹出“项集合编辑器”对话框，用和上一小节中添加一级菜单项一样，添加“三维建模”菜单的下拉菜单，其下拉菜单的有关控件设置如表 8-5 所示。

表 8-5　“三维建模”菜单的下拉菜单主要控件

组件类型	组件名	主要属性设置
MenuItem	SolidWorks	Text 属性设为“SolidWorks(&S)”； Name 属性设为“SolidWorks”
	Model_TubeLayout	Text 属性设为“布管(&B)”； Name 属性设为“Model_TubeLayout”
	Model_XinZu	Text 属性设为“芯组(&X)”； Name 属性设为“Model_XinZu”

将表 8-5 中的控件添加到“三维建模”菜单下拉菜单中后，其效果如图 8-26 所示。

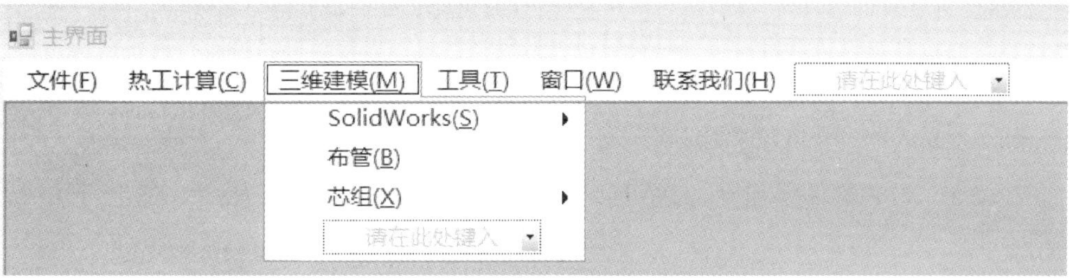

图 8-26　“三维建模”菜单的下拉菜单

(3) “SolidWorks”菜单的下级菜单设计。

用同样的方法添加“SolidWorks”菜单的下级菜单，用到的控件及其设置如表 8-6 所示。

表 8-6　“SolidWorks”菜单的下级菜单主要控件

组件类型	组件名	主要属性设置
MenuItem	SldOpen	Text 属性设为“连接 SolidWorks(&O)”； Name 属性设为“SldOpen”
	SldClose	Text 属性设为“断开 SolidWorks(&C)”； Name 属性设为“SldClose”

将表 8-6 中的控件添加到“SolidWorks”菜单下级菜单中后，其效果如图 8-27 所示。

图 8-27　“SolidWorks”菜单的下级菜单

(4) “芯组”菜单的下级菜单设计。

用同样的方法添加“芯组”菜单的下级菜单，用到的控件及其设置如表 8-7 所示。

表 8-7 “芯组”菜单的下级菜单主要控件

组件类型	组件名	主要属性设置
MenuItem	XinZu_Assembly	Text 属性设为“芯组装配(&A)”； Name 属性设为“XinZu_Assembly”
	XinZu_GuanBan	Text 属性设为“管板(&G)”； Name 属性设为“XinZu_GuanBan”
	XinZu_ZheLiuBan	Text 属性设为“折流板(&Z)”； Name 属性设为“XinZu_ZheLiuBan”
	XinZu_HuanReGuan	Text 属性设为“换热管(&H)”； Name 属性设为“XinZu_HuanReGuan”

将表 8-7 中的控件添加到“芯组”菜单的下级菜单中后，其结果如图 8-28 所示。

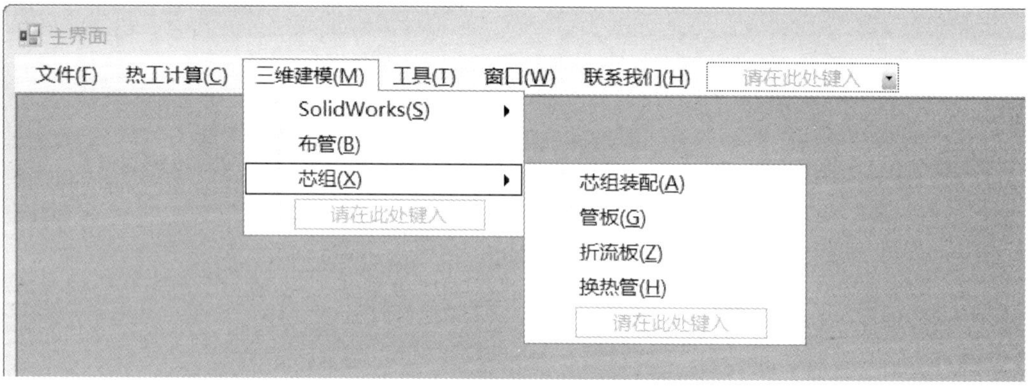

图 8-28 “芯组”菜单的下级菜单

3. 状态栏设计

同样在状态栏 StatusStrip1 的属性对话框中，编辑 Items 属性，在弹出“项集合编辑器”对话框中，按照表 8-8 添加控件，并设置控件相应的属性值。

表 8-8 状态栏中主要控件及其属性值

组件类型	组件名	主要属性设置
StatusLabel	labDesinger	Text 属性设为“设计者:”； Name 属性设为“labDesinger”
StatusLabel	TxtDesinger	Text 属性设为“无”； Name 属性设为“TxtDesinger”

续表8-8

组件类型	组件名	主要属性设置
StatusLabel	split1	Spring 属性设为“True”； Name 属性设为“split1”
StatusLabel	CopyRight	Text 属性设为“版权：”； Name 属性设为“CopyRight”
StatusLabel	CopyRightText	Text 属性设为“©过程系统工程研究所”； Name 属性设为“CopyRightText”
StatusLabel	Blank	Name 属性设为“XinZu_GuanBan”

将表 8-8 中的控件添加到状态栏中，并按照其属性值进行设计，其结果如图 8-29 所示。

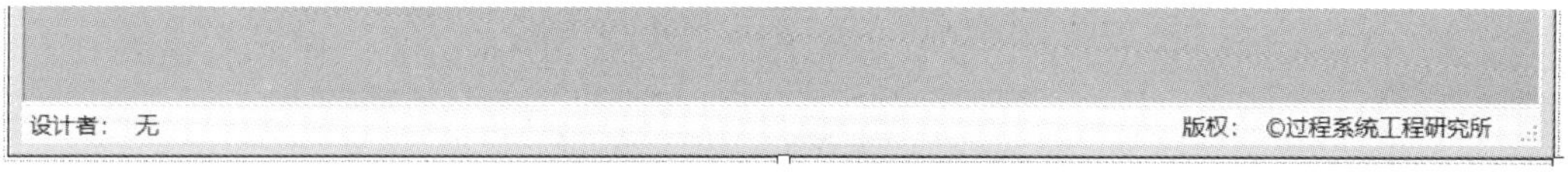

图 8-29　状态栏设计结果图

4.“新建”命令

（1）新建项目窗体设计。

在编写“新建”代码之前需要创建“新建项目”对话框，该对话框主要用于填入甲乙双方的信息并保存到数据库，以及项目路径和名称的确定。其效果如图 8-30 所示。

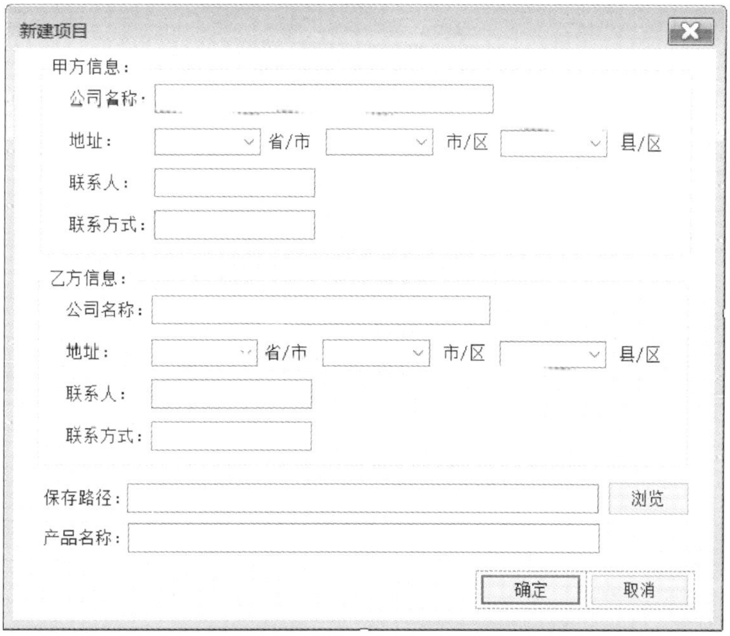

图 8-30　“新建项目”对话框

“新建项目”对话框中的控件的类型、名字以及属性值如表8-9所示。

表8-9 “新建项目”对话框窗体的控件设置

组件类型	组件名	主要属性设置	说明
Form	FrmDNewItem	Text属性设为“新建项目”	新建项目窗体
GroupBox	PartyA	Text属性设为“甲方信息”	无
	PartyB	Text属性设为“乙方信息”	无
TextBox	A_CompanyName	Name属性设为“A_CompanyName”	甲方公司名称文本框
	B_CompanyName	Name属性设为“B_CompanyName”	乙方公司名称文本框
ComboBox	A_AddressProvince	Name属性设为“A_AddressProvince”	甲方省份选择框
	A_AddressCity	Name属性设为“A_AddressCity”	甲方城市选择框
	A_AddressCounty	Name属性设为“A_ AddressCounty”	甲方区县选择框
	B_AddressProvince	Name属性设为“B_AddressProvince”	乙方省份选择框
	B_AddressCity	Name属性设为“B_AddressCity”	乙方城市选择框
	B_AddressCounty	Name属性设为“B_ AddressCounty”	乙方区县选择框
TextBox	A_Contact	Name属性设为“A_Contact”	甲方联系人
	A_ContactInfo	Name属性设为“A_ContactInfo”	甲方联系方式
	B_Contact	Name属性设为“B_Contact”	乙方联系人
	B_ContactInfo	Name属性设为“B_ContactInfo”	乙方联系方式
Button	Browse	Name属性设为“Browse” Text属性设为“浏览”	“浏览”按钮
	OK	Name属性设为“OK” Text属性设为“确定”	“确定”按钮
	Cancel	Name属性设为“Cancel” Text属性设为“取消”	“取消”按钮
TextBox	SavePath	Name属性设为“SavePath”	保存路径文本框
	ItemName	Name属性设为“ItemName”	产品名称文本框

(2) 新建项目窗体中的事件。

1)“浏览”按钮。

“浏览”按钮主要是提供选择文件夹目录的功能，点击“浏览”按钮会弹出常见“文件夹选择”对话框，关键代码如下：

```
Public Class FrmDNewItem
    '新建项目是否成功属性
    Public Success As Boolean
    Private Sub Browse_Click_1(sender As Object, e As EventArgs) Handles
Browse.Click
        '新建文件夹浏览
        Dim FolderBrowserDialog As New FolderBrowserDialog With
        {
            .Description="请选择一个文件夹作为工作目录",
            .ShowNewFolderButton=True
        }
        FolderBrowserDialog.ShowDialog()
        SavePath.Text=FolderBrowserDialog.SelectedPath
        FolderBrowserDialog.Dispose()
    End Sub
End Class
```

2)"确定"按钮。

"确定"按钮的功能主要是将产品信息保存到数据库。其实现思路是先判断保存路径和名称的有效性,然后利用数据库 Dao 类的 QueryNoResult 方法来确保输入的产品名称是有效的,最后利用 SQL 命令语句 insert 将产品信息保存到数据表 ProductInfo 中,关键代码如下:

```
'确定按钮
Private Sub OK_Button_Click(ByVal sender As System.Object,ByVal e As System.
EventArgs) Handles OK_Button.Click
    '判断保存路径和名称是否有效
    If SavePath.Text.Trim.Length=0 Or ItemName.Text.Trim.Length=0 Then
        MsgBox("保存路径和名称无效")
        Success=False
        Exit Sub
    End If
    '先检查输入的项目名称是否已经存在,确保产品 ID 是唯一
    Dim sqlstr As String="select *  from ProductInfo where Id='" &
                        ItemName.Text.Trim & "'"
    If Dao.QueryNoResult(sqlstr) Then
        MsgBox("你输入的产品名称:" & ItemName.Text.Trim & "已经存在,请输入新的
产品名称")
        Success=False
```

```
        Exit Sub
    End If
    '将信息保存到数据库
    sqlstr="insert into ProductInfo values ('" & ItemName.Text.Trim & "','" &
              A_CompanyName.Text &"','" &
              A_AddressProvince.Text &"','" &A_AddressCounty.Text &"','" &A_
AddressCity.Text &"','" &
              A_Contact.Text &"','" &A_ContactInfo.Text &"','" &
              B_CompanyName.Text &"','" &
              B_AddressProvince.Text &"','" &B_AddressCounty.Text &"','" &B_
AddressCity.Text &"','" &
              B_Contact.Text &"','" &B_ContactInfo.Text &"')"
    If Dao.UpdateSQL(sqlstr)=1 Then
        Success=True
        Me.Close()
    Else
        Success=False
        MsgBox("产品信息保存失败")
    End If

    Me.DialogResult=System.Windows.Forms.DialogResult.OK
    Me.Close()
End Sub
```

(3)“新建”命令。

“新建”命令的功能是当用户点击按钮时,首先判断当前是否有正在运行的项目。若有,则提示是否关闭当前正在运行的项目。若关闭,则保存当前项目再关闭,再创建新项目;若不关闭,则无法创建新的项目。若当前没有正在运行的项目,则直接创建新项目,关键代码如下:

```
'新建
Private Sub File_New_Click(sender As Object, e As EventArgs) Handles File_
New.Click
    '若当前有项目正在进行,则根据用户的选择:①保存,并创建新的项目;②不保存,创建
新项目;③取消创建新项目
    If configXMLPath.Length >0 Then
        Dim ResultMsg As Integer=MsgBox("当前有项目正在运行,是否在新建项目之前
保存当前项目?",vbYesNoCancel,"提示")
        If ResultMsg=vbYes Then
```

```
            '点击“是”就是保存，然后关闭子窗体
            WriteXML(configXMLPath)
        ElseIf ResultMsg=vbNo Then
            '点击"不是"，就是不保存，然后关闭窗体
        Else
            '点击“取消”，就是退出当前
        Exit Sub
        End If
        '关闭主窗体的子窗体
        For i=0 To UBound(Me.MdiChildren)
            Me.MdiChildren(i).Close()
        Next
    End If
    '获取项目文件路径和项目名称
    Dim NewItem As New FrmDNewItem
    NewItem.ShowDialog()
    If NewItem.DialogResult=DialogResult.Cancel Then
        Exit Sub
    End If
    itemPath=NewItem.SavePath.Text.Trim() & "\" & NewItem.ItemName.Text.
Trim()
    itemName=NewItem.ItemName.Text.Trim()
    '创建 xml 配置文件路径
    If Not Directory.Exists(ItemPath) Then
        Directory.CreateDirectory(ItemPath)
    End If
    configXMLPath=ItemPath & "\" & ItemName & ".xml"
End Sub
```

在上述代码中，用到了 WriteXML 函数。WriteXML 函数是自定义函数，其参数 FilePath 是 XML 文件的路径，其主要作用是将软件当前运行状态保存到 FilePath 指定路径的 XML 文档中，可以保存的内容为窗体打开的状态以及窗体里面控件的值，方便后面打开项目时用 ReadXML 函数来读取里面的数据，以恢复到保存前的状态。下面是 WriteXML 函数的关键代码：

```
'将窗体里面的数据保存到指定的 XML 文件中
Private Sub WriteXML(ByVal FilePath As String)
    '创建 XDocument 文件
    Dim XDoc As New XDocument(New XDeclaration("1.0","utf-8","yes"))
```

```
    '添加根元素 config,并添加其属性为 Version,Version 值为软件当前运行的版本号
    Dim rootXElement As New XElement("config", New XAttribute("Version",
Application.ProductVersion))
    '获取当前项目的所有窗体
    Dim OpenedForms As FormCollection=My.Application.OpenForms
    '遍历每一个窗体,并以窗体为元素创建对应的 XML 文件的 XElement
    Dim subXElement As XElement
    For Each f As Form In OpenedForms
        '不记录登录窗体数据
        If f.Name <>"FrmLogin" And f.Name <>"FrmDNewItem" Then
            subXElement=CreateXElement(f) '在没有创建 CreateXElement 函数之
前,该处会报错
            rootXElement.Add(subXElement)
        End If
    Next
    '将根元素添加到 Xdocument 中
    XDoc.Add(rootXElement)
    '保存 XML 文件到指定地址
    XDoc.Save(XMLFilePath)
End Sub
```

在上述代码中,用到了自定义函数 CreateXElement,其参数 Form 表示窗体。该函数的功能是基于窗体创建一个 XML 节点。实现的思路是先遍历控件获得控件列表,然后以控件名称作为 XML 里面的元素名,然后再将其添加到当前的节点上,关键代码如下:

```
'基于一个窗体,创建一个 XML 节点
Private Function CreateXElement(ByVal Form As Form) As XElement
    '创建节点
    Dim XElement As New XElement(New XElement("Form", New XAttribute("
FormName",Form.Name)))
    '获取该参数 Form 窗体的所有的子控件
    Dim lstcontrol As New List(Of Control)
    GetAllControls(CType(Form,Control), lstcontrol) '在没有创建 GetAllControls
函数之前,该处会报错
    For Each c As Control In lstcontrol
        '对于哪些类型的控件需要保存,需要筛选
        If TypeOf c Is TextBox Or TypeOf c Is ComboBox Or TypeOf c Is CheckBox
Then
```

```
                ' 获取控件的类型
                Dim ctrType As String=c.GetType.ToString
                ctrType=ctrType.Substring(ctrType.LastIndexOf(".") + 1)
                Dim subXElement As New XElement (c.Name, New XAttribute ("type",
ctrType),New XAttribute("text",c.Text))
                XElement.Add(subXElement)
            End If
        Next
        ' 返回结果
        Return XElement
    End Function
```

在上面代码中，用到了自定义函数 GetAllControls。参数 ctr 表示 Forms.Control 类，是按数值传值；参数 lstcontrol 是 Control 列表，是按地址传值。由于大的控件里面可能包含小的控件，比如 Panel 控件里面包含 GroupBox 控件，GroupBox 控件里面又包含 TextBox 控件，因此需要层层遍历，在算法里面与之对应的实现方式就是递归了，关键代码如下：

```
    ' 利用递归方法遍历控件里面所包含的所有控件
    Public Sub GetAllControls(ByVal ctr As Control, ByRef lstcontrol As List(Of
    Control))
        If ctr.HasChildren Then
            For Each c As Control In ctr.Controls
                ' 如果 c 的 type 是窗体，则退出
                If TypeOf c Is Form Then
                    Exit Sub
                End If
                GetAllControls(c, lstcontrol)
            Next
        Else
            lstcontrol.Add(ctr)
        End If
    End Sub
```

下面是将设计信息保存为 XML 文件的一个实例。

```
    <? xml version="1.0" encoding="utf- 8" standalone="yes"? >
    <config Version="1.0.0.0">
      <Form FormName="FrmMain" />
      <Form FormName="frmTubeLayout">
```

```
    <txtLiuChengJianJu type="TextBox" text="0" />
    <cmbPaiBuFangShi type="ComboBox" text="正三角形" />
    <cmbLiuChengXingShi type="ComboBox" text="1" />
    <txtHuanReGuanShuLiang type="TextBox" text="139" />
    <txtHuanReGuanWaiJin type="TextBox" text="12" />
    <txtBuGuanGaoDu type="TextBox" text="120" />
    <txtBuGuanYuanZhiJin type="TextBox" text="300" />
    <txtZongXiagnJianJu type="TextBox" text="20" />
    <txtHengXiangJianJu type="TextBox" text="20" />
  </Form>
  <Form FormName="TubeSheet">
    <KCentralCircle type="TextBox" text="340" />
    <FlangeHoleDistribute type="ComboBox" text="居中分布" />
    <FlangeHoleCount type="TextBox" text="12" />
    <FlangeHoleExtDiamter type="TextBox" text="20" />
    <HeatTubeExtDiameter type="TextBox" text="16" />
    <BossDiameter type="TextBox" text="300" />
    <BossHeight type="TextBox" text="3" />
    <TubeSheetDiameter type="TextBox" text="400" />
    <TubeSheetThickness type="TextBox" text="40" />
    <TubeSheetMaterial type="TextBox" text="铁" />
  </Form>
  <Form FormName="BafflePlate">
    <txtHeight type="TextBox" text="100" />
    <Thickness type="TextBox" text="3" />
    <ExtDiameter type="TextBox" text="302" />
    <Material type="TextBox" text="铜" />
  </Form>
  <Form FormName="HeatExchangeTube">
    <Length type="TextBox" text="1500" />
    <Thickness type="TextBox" text="2" />
    <ExtDiameter type="TextBox" text="12" />
    <Material type="TextBox" text="铜" />
  </Form>
  <Form FormName="XinZu">
    <ZheLiuBanThickness type="TextBox" text="3" />
    <HouGuanBanThickness type="TextBox" text="40" />
    <QianGuanBanThickness type="TextBox" text="40" />
```

```
    <EffectiveLength type="TextBox" text="1500" />
    <MidSpace type="TextBox" text="100" />
    <FirstSpace type="TextBox" text="80" />
  </Form>
</config>
```

（3）“打开”命令

“打开”命令主要的功能是打开保存的 XML 文件，使软件处于保存之前的运行状态。实现的方式是打开 OpenFileDialog 对话框，让用户选择要打开的文件，然后利用 ReadXML 函数读取 XML 里面的信息，使软件恢复到保存之前的状态，关键代码如下：

```
'打开命令
Private Sub File_Open_Click(sender As Object, e As EventArgs) Handles File_
Open.Click
    '选择要打开的 xml 文档
    Dim OpenFileDialog1 As New OpenFileDialog
    OpenFileDialog1.Filter="XML 文件|* .xml;* .XML"
    OpenFileDialog1.ShowDialog()
    '获取 XML 文件路径
    XMLFilePath=OpenFileDialog1.FileName.Trim()
    '解析 XML 文档
    If XMLFilePath.Length >0 Then
        ReadXML(XMLFilePath)'在没有创造 ReadXML 函数之前，此处会报错
    End If
End Sub
```

在上面的代码中，用到了 ReadXML 函数，此函数和 WriteXML 函数实现的功能完全相反，WriteXML 函数是将软件运行状态保存到 XML 文件中，ReadXML 是利用 WriteXML 保存的 XML 文件来恢复软件到保存 XML 之前的状态。ReadXML 函数的参数 FilePath 是指需要打开 XML 文件的路径，实现的方式是先比较当前软件运行的版本和 XML 文件保存的版本，只有高版本的软件才能打开低版本的配置文件，然后获取程序集里面的所有窗体类型，最后利用动态创建类实例方法创建窗体，从而根据创建的窗体来给里面的控件赋值。由于该操作是在主窗体 Main 中实现的，因此要排除 Main 窗体，又由于登录窗体是在主窗体之前出现的，因此也要排除登录窗体 LoginForm，ReadXML 函数关键代码如下：

```
'''<summary>
'''将读取 XML 数据，将其数据显示在窗体中
'''</summary>
```

```
'''<param name="FilePath">XML 文件的路径</param>
'''<remarks>该部分用到了【动态创建类的实例】方法,以前没有涉及过</remarks>
Private Sub ReadXML(ByVal FilePath As String)
    '读取 XML 的版本号和当前运行的版本号,只有高版本的才能打开低版本的
    Dim XMLVersion As String
    Dim RunVersion As String=Application.ProductVersion
    Dim XDoc=XDocument.Load(FilePath)
    Dim rootElement As XElement=XDoc.Root
    XMLVersion=rootElement.Attribute("Version")
    '检查 XML 文档有效性
    If IsNothing(XMLVersion) Then
        MsgBox("选择的文件数据无效"):Exit Sub
    End If
    '只有满足高版本打开低版本的,执行读 xml 文档,否则退出
    If CompareVersion(XMLVersion,RunVersion)=False Then : Exit Sub : End If
    '获取 XML 所有窗体的节点
    Dim XElement As XElement=XElement.Load(FilePath)
    Dim arrElements As XElement()=XElement.Elements("Form").ToArray
    '获取当前运行的程序集里面所有的窗体
    '获取当前运行的程序集
    Dim myAssembly As System.Reflection.Assembly=System.Reflection.
                                               Assembly.GetExecutingAssembly
    '获取程序集里面所有的类型
    Dim TheType As Type()=myAssembly.GetTypes()
    '遍历所有类型
    For Each myType As Type In TheType
        '如果类型为窗体
        If myType.BaseType.ToString="System.Windows.Forms.Form" Then
            '如果不是主窗体和登录窗体
            If myType.Name <>"Main" And myType.Name <>"LoginForm1" Then
                '循环 arrElement 里面所有的窗体
                For i=0 To UBound(arrElements)
                    '如果窗体的名字和属性相匹配
                    If arrElements(i).Attribute("FormName")=myType.Name Then
                    '******************************
                    '动态创建类的实例:
                    '主要思路为:①获得你要创建类的类型,一般主要从 Assembly 中获取,
                    '           主要用到技术为反射(Reflection)
```

```
'          ②利用 Activator.CreateInstance(type)方法创建
' CreateInstance:使用指定类的默认构造函数来创建该类的实例
'******************************
' 创建窗体实例,并将窗体显示出来
Dim myform As Form=Activator.CreateInstance(myType)
CheckForm(myform,myType.Name)
myform.WindowState=FormWindowState.Normal

'将该窗体里面的值从 XML 中加载上来
' 获取当前元素的子元素
Dim enumSubElements As IEnumerable(Of XElement)=arrElements(i).Elements()
' 遍历子元素使其于窗体里面控件名字相匹配,并赋值
Dim control As Control
Dim arrControl As Control()
For Each c In enumSubElements
    arrControl=myform.Controls.Find(c.Name.ToString,True)
    If arrControl.Count >0 Then
        control=arrControl(0)
                                    control.Text=c.Attribute("text").Value
                                  End If
                              Next
                          End If
                      Next
                  End If
              End If
    Next
End Sub
```

在上述代码中用到了 CompareVersion 函数、CheckForm 函数以及 ShowForm 函数,三个都是自定义函数,其中 CompareVersion 函数实现的功能是比较当前软件版本号和配置文件 XML 保存的版本号,当当前版本号高于或等于 XML 版本号时,返回 True,表示该 XML 文件可以被打开,否则返回为 False,表示不能打开。关键代码如下:

```
' 比较两个两个版本号
Public Function CompareVersion(ByVal SaveVersion As String,ByVal RunVersion
As String) As Boolean
    ' 首先判断是否相等
    If SaveVersion=RunVersion Then
       Return True
```

```
        Else
        '将版本号以字符"."进行分割
        Dim arrSV As String()
        Dim arrRV As String()
        arrSV=SaveVersion.Split(".")
        arrRV=RunVersion.Split(".")
        '比较
        If arrSV.Count <= arrRV.Count Then
            For i=0 To arrSV.Count - 1
                If Val(arrSV(i)) < Val(arrRV(i)) Then
                    Return True
                End If
            Next
        Else
            For i=0 To arrRV.Count - 1
                If Val(arrSV(i)) < Val(arrRV(i)) Then
                    Return True
                End If
            Next
        End If
        Return False
    End Function
```

CheckForm 函数实现的思路是首先检测是否有 MDI 子窗体，如果没有，则创建该 MDI 子窗体的窗体实例；如果有，则检测当中有没有其窗体实例，有则激活，没有则创建其窗体实例。关键代码如下：

```
    Private Sub CheckForm(ByVal MDIChildForm As Form, ByVal MDIChildFormName As
    String)
        If Me.MdiChildren.Length < 1 Then
            '如果没有任何一个 MDI 子窗体，则创建该 MDI 子窗体的窗体实例
            ShowForm(MDIChildForm)
            Exit Sub
        Else
            Dim x As Integer
            Dim frmyn As Boolean
            For x=0 To (Me.MdiChildren.Length) - 1
                Dim tempChild As Form=CType(Me.MdiChildren(x), Form)
                If tempChild.Name=MDIChildFormName Then
```

```
                frmyn=True
                '检测到有该 MDI 子窗体,设为 True 并退出循环
                Exit For
            Else
                frmyn=False
        End If
    Next
    If frmyn=False Then
        '在打开的窗体中没检测到则新建
        ShowForm(MDIChildForm)
        Else
            '在打开的窗体中检测到则激活
            Dim MDIChildFrm As Form=CType(Me.MdiChildren(x),Form)
            MDIChildFrm.Activate()'使子窗体激活
            MDIChildFrm.WindowState=FormWindowState.Normal
    End If
    End If
End Sub
```

ShowForm 函数就比较简单了,就是创建窗体实例,并设置其窗体的父窗体为当前窗体,关键代码如下:

```
'创建窗体实例
Private Sub ShowForm(ByVal MDIChildForm As Form)
        Dim MDIChildFrm As Form=MDIChildForm
        MDIChildFrm.MdiParent=Me '定义 MDI 子窗体
        MDIChildFrm.Show()'打开窗体
End Sub
```

(4)"保存"命令。

"保存"命令实现的方式比较简单,就是利用 WriteXML 函数来保存当前数据,关键代码如下:

```
'保存
Private Sub File_Save_Click(sender As Object, e As EventArgs) Handles File_
Save.Click
    '将窗体数据保存到 XML
    If XMLFilePath.Length > 0 Then
        WriteXML(XMLFilePath)
    Else
```

```
        MsgBox("文件保存路径不存在,保存失败")
    End If
End Sub
```

(5)"另存为"命令。

"另存为"命令是利用 SaveFileDialog 创建一个文件对话框,让用户去选择保存路径,然后利用 WriteXML 来保存数据。

```
'另存为
Private Sub File_SaveAs_Click(sender As Object,e As EventArgs) Handles File_
SaveAs.Click
    Dim SaveFileDialog1 As New SaveFileDialog
    SaveFileDialog1.Filter="XML 文件|* .xml;* .XML"
    SaveFileDialog1.ShowDialog()
    XMLFilePath=SaveFileDialog1.FileName
    WriteXML(XMLFilePath)
End Sub
```

8.6.3 布管预览界面

在换热器设计中,为了提升换热器的热交换性能,换热管的布局和设计就显得尤为重要。在换热器设计中,如果依靠设计师手动进行换热管的布局,不仅耗费时间,而且不能确保准确无误,换热管的自动化布置显得尤为重要。本小节着重讲解换热管的自动化布管。

1. 界面设计

在当前的项目中,添加 Windows 窗体,其窗体的 Name 属性为"frmTubeLayout",Text 属性为"布管"。在该窗体上面添加表 8-10 中的控件并设置其属性。

表 8-10 "布管"窗体的主要的控件设置表

组件类型	组件名(属性 Name)	主要属性设置	说明
SplitContainer	SplitContainer1		将窗体容器分为左(Panel1)和右(Panel2)两个
TextBox	txtHengXiangJianJu		横向间距文本框
	txtZongXiangJianJu		纵向间距文本框
	txtHuanReGuanWaiJin		换热管外径文本框
	txtBuGuanGaoDu		布管高度文本框

续表8-10

组件类型	组件名(属性 Name)	主要属性设置	说明
TextBox	txtBuGuanYuanZhiJin		布管圆直径文本框
	txtLiuChengJianJu		流程间距文本框
	txtHuanReGuanShuLiang		换热管数量文本框
ComboBox	cmbLiuChengXingShi	Items 集合{1,2,4－1,4－2}	流程形式下拉框
	cmbPaiBuFangShi	Items 集合{正三角形， 正方形， 转角 30 正三角形， 转角 45 正方形}	排布方式下拉框
Button	btnStart	Text 属性设为“开始布管”	开始布管按钮

将表 8-10 中的控件添加到窗体中后，再填写一组设计数据，得到的结果如图 8-31 所示。

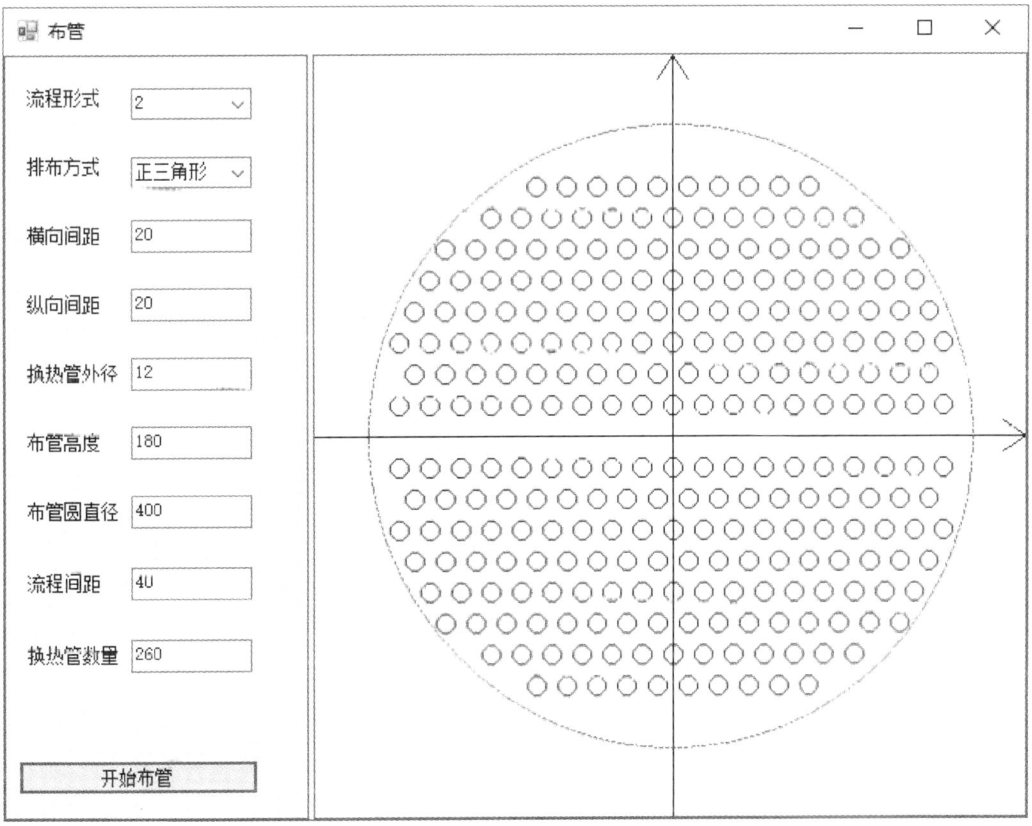

图 8-31　布管界面运行样例

2. 布管编程

换热管的布局主要是按照一定的设计标准进行编程实现的。首先是根据设计要求求出换热管中心坐标的集合，然后利用中心点的坐标和换热管的直径创建换热管的圆，最后利用 Graphc 提供的方法将图形绘制在 SplitContainer1.panel2 上。部分代码如下：

```
'开始布管
Private Sub Start _ Click (sender As Object, e As EventArgs) Handles
btnStart.Click
    blnStartClick=True
    Dim strFlowType As String=cmbLiuChengXingShi.Text '流程形式
    Dim strArrangeType As String=cmbPaiBuFangShi.Text '排布方式
    Dim sngHSpace As Single=Val(txtHengXiangJianJu.Text) '横向间距
    Dim sngVSapce As Single=Val(txtZongXiangJianJu.Text) '纵向间距
    Dim sngExtDiameter As Single=Val(txtHuanReGuanWaiJin.Text) '换热管外径
    Dim sngH As Single=Val(txtBuGuanGaoDu.Text) '布管高度
    Dim sngR As Single=Val(txtBuGuanYuanZhiJin.Text) / 2 '布管圆半径
    Dim sngFlowSpace As Single=Val(txtLiuChengJianJu.Text) '流程间距
    '获取满足界面要求的点阵集合
    Dim SketchPointFs As Point F()=GetSketchPointFs(strFlowType,
strArrangeType, sngHSpace, sngVSapce, sngExtDiameter, sngH, sngR, sngFlowSpace)
    '将换热管的数量显示在界面上
    txtHuanReGuanShuLiang.Text=SketchPointFs.Length
    '创建画布
    Dim Width As Integer=SplitContainer1.Panel2.Width
    Dim Height As Integer=SplitContainer1.Panel2.Height
    Dim Bmp As New Bitmap(Width, Height)
    Dim Graphic As Graphics=Graphics.FromImage(Bmp)
    SplitContainer1.Panel2. BackgroundImage=Bmp
    '绘制图形
    Draw (Graphic, SketchPointFs, Width, Height, sngExtDiameter, sngR)
End Sub
```

上面的代码中用到了两个自定义函数 GetSketchPointFs 和 Draw。GetSketch PointFs 函数返回值为 PointF 类型的数组，函数的参数为换热管的一些设计参数，比如流程形式、排布方式、横向间距和布管圆直径等参数。Draw 函数是没有返回值的函数，主要实现的功能是根据函数 GetSketchPointFs 返回值，再结合一些其他参数，将换热管布局正确的反映在界面上。

注意：Graphic 对象本来是可以直接利用 SplitContainer1.Panel2.CreateGraphics()来获取的，但是这种生成的效果图是有缺点的。缺点就是当你将布局的窗体移动到屏幕边缘后再移动回来，在边缘外的部分就会消失，因此需要利用位图来创建 Graphic 对象，然后将 SplitContainer1.Panel2 的背景设为刚才创建的位图，这样可以避免利用 SplitContainer1.Panel2.CreateGraphics()来创建 Graphic 的缺点了，关键代码如下：

```
'利用指定的高度和宽度创建位图对象
Dim Bmp As New Bitmap(Width,Height)
'利用位图 Bmp 创建画布 Graphic
Dim Graphic As Graphics=Graphics.FromImage(Bmp)
'SplitContainer1.Panel2 对象的背景图像设为 Bmp
SplitContainer1.Panel2.BackgroundImage=Bmp
```

8.6.4 管板界面

管板界面主要实现管板的参数化设计。界面提供管板参数化设计需要的参数，例如管板厚度、管板直径、凸台直径和 K 中心圆直径等数据，然后提供一个更新按钮。界面最终效果如图 8-32 所示。

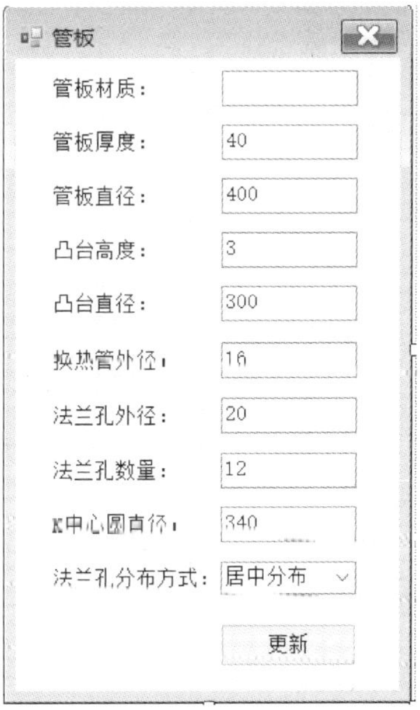

图 8-32 管板参数化设计界面

管板的参数化界面实现的思路：先利用 OpenDoc6 打开一个已经存在的管板模板模型，然后利用 swModel.Parameter(“尺寸名称”)获取里面的尺寸并对尺寸进行修改，由于管板的里面有换热管，因此需要用到上一节布管预览点阵界面结果，就是利用 SelectByID2 来选中模型里面的“换热管阵列草图”，然后删除原来的点，接着利用 SketchManager.CreatePoint 将新的点阵绘制在草图上，这样就完成了换热管阵列的更新，最后利用 SaveAs 将模型保存在新建项目文件里面并使用 CreateDrawing 创建工程图后关闭模型。关键代码如下：

```
'''<summary>更新模型</summary>
Private Sub Button1 _ Click (sender As Object, e As EventArgs) Handles
btnUpdate.Click
    '打开模型
    Dim swModel As ModelDoc2
```

```
    Dim swPart As PartDoc
    swModel=PublicSharedData.swApp.OpenDoc6(fileName,1,0,"",errors,
warnings)
    If IsNothing(swModel) Then
        MsgBox("模型无法打开,请检查文件")
        Exit Sub
    Else
        swPart=swModel
    End If

    '***********给尺寸赋值开始*************
    '材质
    swPart.SetMaterialPropertyName2("默认","solidworks materials.sldmat",
TubeSheetMaterial.Text.Trim)
    '管板厚度
    swModel. Parameter ("管 板 厚 度 @ 拉 伸"). SystemValue = Val ( TubeSheet
Thickness.Text) / 1000
    '……其他尺寸的赋值(略)……
    '刷新模型
    swModel.EditRebuild3()
    '***********给尺寸赋值结束*************

    '***********更新草图点阵开始*************
    boolstatus=swModel.Extension.SelectByID2("换热管阵列草图","SKETCH",0,
0,0,False,0,Nothing,0)
    swModel.EditSketch()
    '框选草图里面的所有的点并删除
    Dim R As Double=Val(TubeSheetDiameter.Text) / 2000
    boolstatus=swModel.Extension.SketchBoxSelect(-R,-R,0,R,R,0)
    swModel.EditDelete()
    '在草图上创建点
    Dim sketchPoint As SketchPoint
    For i=0 To UBound(m_SketchPointF) '
        sketchPoint=swModel.SketchManager.CreatePoint(m_SketchPointF(i).
X / 1000,m_SketchPointF(i).Y / 1000, 0)
    Next
    swModel.SketchManager.InsertSketch(True)
    '***********更新草图点阵结束*************
```

```
    '模型另存为前管板
    blnstatue = swModel.Extension.SaveAs(m_frmMain.itemPath & "\前管板.SLDPRT", swSaveAsVersion_e.swSaveAsCurrentVersion, swSaveAsOptions_e.swSaveAsOptions_Silent,Nothing,errors,warnings)
    '生成前管板工程图
    PublicSharedData.CreateDrawing(swModel, SaveAsPath, TemplateName, PaperSize,TemplateIn)
    '……后管板模型和工程图的更新(略)……
    '关闭模型
    PublicSharedData.swApp.CloseDoc(swModel.GetTitle)
End Sub
```

由于芯组有前后两个管板，且前后管板的模型是一样的，所以在这里面一共更新了前后两个管板的模型和工程图。如图 8-33 所示是管板的模板更新的过程。

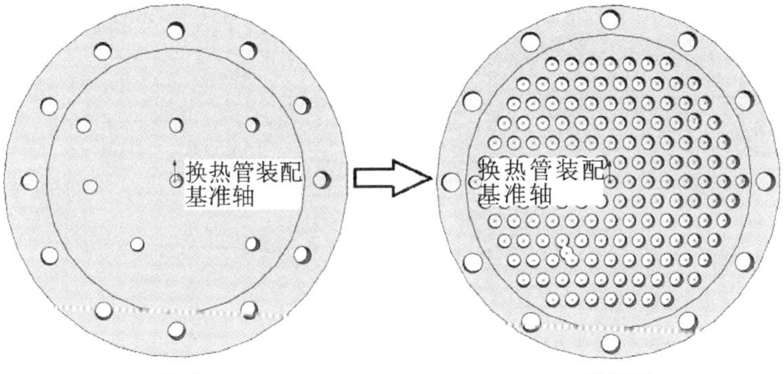

图 8-33　管板的更新变化过程

8.6.5　折流板界面

折流板的界面设计比较简单，界面主要由材质、外径、厚度、剪切高以及更新按钮组成，界面的效果如图 8-34 所示。

图 8-34　折流板设计界面

折流板的更新按钮执行的过程大致和管板的更新差不多，首先也是打开折流板的基础模板，然后获取尺寸并根据界面的数值来修改模型的尺寸，又因为折流板中间是有换热管穿过的，因此也需要更新换热管阵列，最后生成工程图并将模型和工程图保存到项目文件里面，关键代码如下：

```
Private Sub btnUpdate _Click (sender As Object, e As EventArgs) Handles
btnUpdate.Click
    '打开模型
    Dim swPart As PartDoc
    Dim swModel As ModelDoc2
    swModel = PublicSharedData. swApp. OpenDoc6 (fileName, 1, 0,"", errors,
warnings)
    swPart=swModel
    '***********给尺寸赋值开始**************
    '材质
    swPart.SetMaterialPropertyName2("默认", "solidworks materials.sldmat",
Material.Text.Trim)
    '折流板厚度
    swModel.Parameter("折流板厚度@拉伸").SystemValue=Val(Thickness.Text)
/ 1000
    '折流板直径
    swModel.Parameter("折流板直径@拉伸草图").SystemValue=Val(ExtDiameter.
Text) / 1000
    '剪切高
    swModel.Parameter("剪切高@拉伸草图").SystemValue=Val(txtHeight.Text)
/ 1000
    '刷新模型
    swModel.EditRebuild3()
    '***********给尺寸赋值结束**************

    '***********更新草图点阵开始**************
    '选中草图并编辑
    boolstatus=swModel.Extension.SelectByID2("换热管阵列草图","SKETCH",0,
0,0,False,0,Nothing,0)
    swModel.EditSketch()
    '框选草图里面的所有的点并删除
    boolstatus=swModel.Extension.SketchBoxSelect(-R,-R,0,R,R,0)
    swModel.EditDelete()
    '在草图上创建点
    Dim sketchPoint As SketchPoint
    For i=0 To UBound(m_SketchPointF)
        sketchPoint=swModel.SketchManager.CreatePoint(m_SketchPointF(i).
X / 1000,m_SketchPointF(i).Y / 1000, 0)
    Next
    swModel.ClearSelection2(True)
```

```
    swModel.SketchManager.InsertSketch(True)
    '************更新草图点阵结束**************

    '模型另存为折流板 1
    Dim blnstatue As Boolean
    blnstatue= swModel.Extension.SaveAs(m_frmMain.itemPath & "\折流板 1.
  SLDPRT", swSaveAsVersion_e.swSaveAsCurrentVersion, swSaveAsOptions_e.
  swSaveAsOptions_Silent,Nothing,errors,warnings)
    '生成工程图
    PublicSharedData.CreateDrawing(swModel,SaveAsPath,TemplateName,
PaperSize,TemplateIn)
    '……折流板 2 模型和工程图的更新(略)……
    '关闭模型
    PublicSharedData.swApp.CloseDoc(swModel.GetTitle)
  End Sub
```

折流板的作用是增加湍流程度，使冷热流体热量交换更充分。因此需要两个折流板，而且其安装方向是相反的，因此在上面的代码中生成了折流板 1、折流板 2 两个模型和工程图，更新前后的变化图如图 8-35 所示。

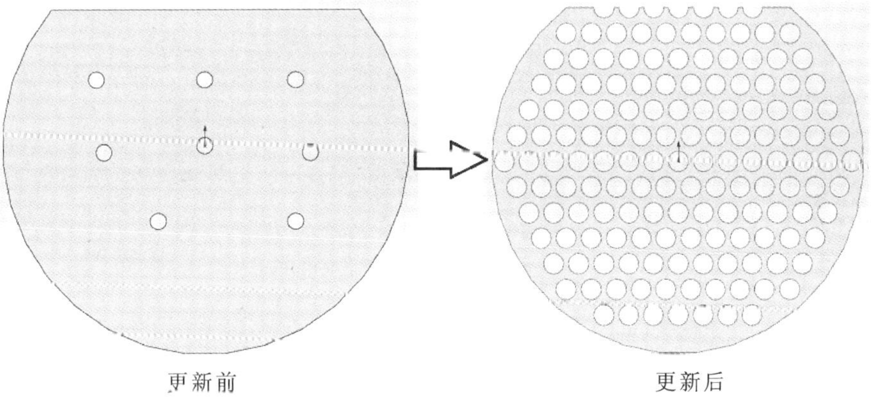

图 8-35　折流板更新变化过程

8.6.6　换热管界面

图 8-36　换热管设计界面

由于换热管的结构比较简单，换热管的参数化设计界面的控件也比较少，主要由材质、外径、厚度、长度以及更新按钮组成，界面效果如图 8-36 所示。

换热管的参数化设计过程也比较简单，主要分为以下几个过程：

(1) 利用 OpenDoc6 打开换热管基础模板文件。

(2) 利用 swModel.Parameter("尺寸名称").SystemValue 来

修改尺寸。

(3) 利用 SaveAs 将模板文件另存到项目文件中。

(4) 利用自定义函数 CreateDrawing 来创建工程图。

(5) 利用 CloseDoc 关闭模型。

实现的关键代码如下所示:

```
'''<summary>更新模型和工程图</summary>
Private Sub BtnUpdate_Click(sender As Object, e As EventArgs) Handles btnUpdate.Click
    Dim swPart As PartDoc
    Dim swModel As ModelDoc2
    swModel=PublicSharedData.swApp.OpenDoc6(fileName,1,0,"",errors, warnings)
    swPart=swModel
    End If
    '***********给尺寸赋值开始*************
    swPart.SetMaterialPropertyName2("默认", "solidworks materials.sldmat", Material.Text.Trim) '材质
    swModel.Parameter("内径@拉伸草图").SystemValue=(Val(ExtDiameter.Text) -2*Val(Thickness.Text)) / 1000 '内径
    '厚度
    swModel.Parameter("厚度@拉伸-薄壁").SystemValue=Val(Thickness.Text) / 1000
    '长度
    swModel.Parameter("长度@拉伸-薄壁").SystemValue=Val(Length.Text) / 1000
    '刷新模型
    swModel.EditRebuild3()
    '***********给尺寸赋值结束*************
    '模型另存为
    Dim blnstatue As Boolean
    blnstatue=swModel.Extension.SaveAs(m_frmMain.itemPath & "\换热管.SLDPRT", swSaveAsVersion_e.swSaveAsCurrentVersion, swSaveAsOptions_e.swSaveAsOptions_Silent,Nothing,errors,warnings)
    '生成工程图
    PublicSharedData.CreateDrawing(swModel, SaveAsPath, TemplateName, PaperSize,TemplateIn)
    '关闭模型
    PublicSharedData.swApp.CloseDoc(swModel.GetTitle)
    PublicSharedData.frmMain.XinZu_HuanReGuan.Checked=True
End Sub
```

8.6.7　芯组装配

芯组是一个装配体，就是由前面管板、折流板以及换热管组成的装配体。由于在芯组装配的时候主要利用到骨架装配的思想，因此在芯组装配体层级，也由尺寸需要驱动，这些尺寸主要是一些定位尺寸和装配尺寸。图 8-37 为芯组装配体模板文件中的骨架图。

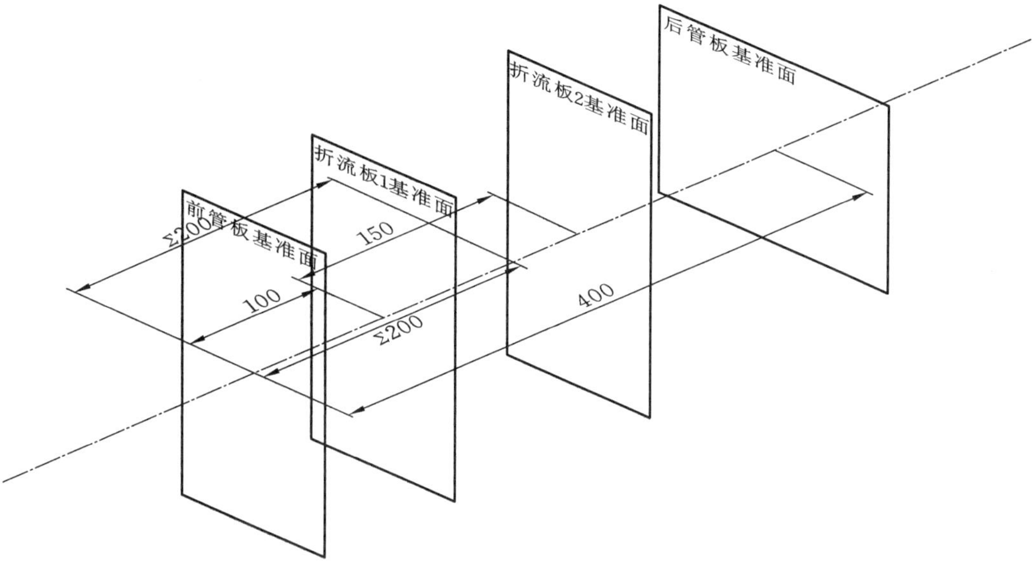

图 8-37　芯组骨架图

该骨架主要由前管板基准面、后管板基准面、折流板 1 基准面、折流板 2 基准面、换热管基准面(和前管板基准面重合)以及中心线组成。芯组的参数化设计界面如图 8-38 所示。

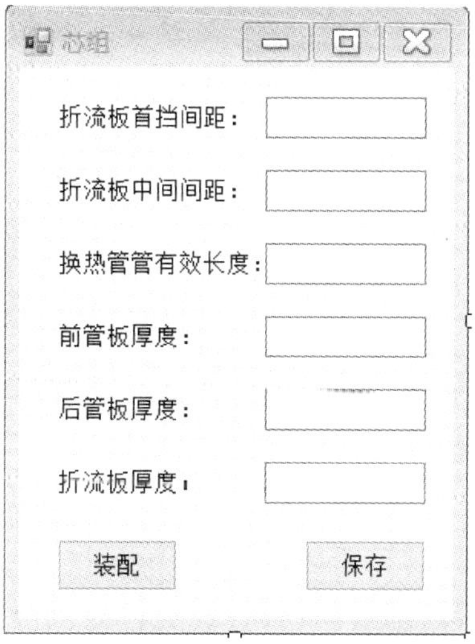

图 8-38　芯组参数化设计界面

芯组的装配思路主要分为以下几个过程：

(1) 利用 OpenDoc6 打开芯组模板

```
Dim swModel As ModelDoc2
Dim swAssembly As AssemblyDoc
swModel=PublicSharedData.swApp.OpenDoc6(fileName,2,0,"",errors,warnings)
swAssembly=swModel
```

(2) 利用 Model.Parameter("尺寸名称").SystemValue 来修改骨架尺寸。主要更新芯组总长度、首挡间距以及中间间距的尺寸。

```
'换热管有效长度
    swModel.Parameter("芯组总长度@后管板基准面").SystemValue=(Val(EffectiveLength.Text)+Val(QianGuanBanThickness.Text)+Val(HouGuanBanThickness.Text))/1000
    '首挡间距
    swModel.Parameter("首挡间距@折流板1基准面").SystemValue=(Val(FirstSpace.Text)+Val(QianGuanBanThickness.Text))/1000
    '中间间距
    swModel.Parameter("中间间距@折流板2基准面").SystemValue=Val(MidSpace.Text)/1000
    '刷新模型
swModel.EditRebuild3()
```

(3) 利用 Assembly.AddComponent5 将零部件添加到装配体环境中。这里主要以前管板作为实例进行说明，其他零件装配方式大致一样，只是装配的参数设置不同而已。关键代码如下：

```
'打开前管板
    ComponentPath=GetSpecifyFile(m_frmMain.itemPath&"\","前管板","*.SLDPRT",SearchOption.TopDirectoryOnly)
    swtmpModel=PublicSharedData.swApp.OpenDoc6(ComponentPath,1,32,"",errors,longwarnings)
    '插入前管板
    swInsertedComponent=swAssembly.AddComponent5(ComponentPath,0,"",False,"",0,0,0)
    QianGuanBanName=swInsertedComponent.Name2
    '关闭前管板
    PublicSharedData.swApp.CloseDoc(swtmpModel.GetPathName)
```

```
'设置前管板为浮动
boolstatus=swModel.Extension.SelectByID2(swInsertedComponent.Name2 & "@" & AssemblyName,"COMPONENT",0,0,0,False,0,Nothing,0)
swModel.UnFixComponent()

'开始装配
'①第一组配合
MateName="前管板配合 1"
MateFirstSelection="右视@" & swInsertedComponent.Name2 &"@" & AssemblyName
MateSecondSelection="前管板基准面@" & AssemblyName
swModel.ClearSelection2(True)
boolstatus=swModel.Extension.SelectByID2(MateFirstSelection,"PLANE",0,0,0,False,1,Nothing,0)
boolstatus = swModel. Extension. SelectByID2 (MateSecondSelection,"PLANE",0,0,0,True,1,Nothing,0)
swMate=swAssembly.AddMate5(0,1,False,0,0,0,0,0,0,0,0,False,False,0,longstatus)
swMate.Name=MateName
'②第二组配合
MateName="前管板配合 2"
MateFirstSelection="上视@" & swInsertedComponent.Name2 &"@" & AssemblyName
MateSecondSelection="上视基准面@" & AssemblyName
swModel.ClearSelection2(True)
boolstatus=swModel.Extension.SelectByID2(MateFirstSelection,"PLANE",0,0,0,False,1,Nothing,0)
boolstatus = swModel. Extension. SelectByID2 (MateSecondSelection,"PLANE",0,0,0,True,1,Nothing,0)
swMate=swAssembly.AddMate5(0,0,False,0,0,0,0,0,0,0,0,False,False,0,longstatus)
swMate.Name=MateName
'③第三组配合
MateName="前管板配合 3"
MateFirstSelection="前视@" & swInsertedComponent.Name2 &"@ " & AssemblyName
MateSecondSelection="前视基准面@" & AssemblyName
swModel.ClearSelection2(True)
boolstatus=swModel.Extension.SelectByID2(MateFirstSelection,"PLANE",
```

```
0,0,0,False,1,Nothing,0)
        boolstatus = swModel. Extension. SelectByID2 ( MateSecondSelection,"
PLANE",0,0,0,True,1,Nothing,0)
    swMate= swAssembly.AddMate5(0,1,False,0,0,0,0,0,0,0,0,False,False,0,
longstatus)
    swMate.Name=MateName
    '重建模型
    swModel.EditRebuild3()
```

由于在 SolidWorks 中约束零部件的时候一般需要三组装配关系，上面代码就是利用 SelectById2 选中两个需要配合的实体，然后利用 AddMate5 进行装配的。上面代码中用到了自定义函数 GetSpecifyFile，该函数的作用主要是在指定文件夹里面搜索指定的文件，这里是在项目文件中搜索芯组装配需要的零部件，下面是 GetSpecifyFile 的代码实现过程。

```
Private Function GetSpecifyFile (ByVal Dir As String, ByVal FileName As
String,ByVal
              SearchPattern As String, ByVal SearchOption As SearchOption)
As String
      Dim dirs As String ( ) = Directory. GetFiles ( Dir, SearchPattern,
SearchOption)
    For i=0 To UBound(dirs)
        If dirs(i).Contains(FileName) Then
            Return dirs(i)
        End If
    Next
    Return String.Empty
End Function
```

（4）在所有零件装配完成之后，利用 Model.FeatureManager.InsertDerivedPattern2()完成换热管的特征驱动阵列。主要实现思路是选中需要阵列的零部件以及阵列特征，然后在特征管理中插入驱动阵列。关键代码如下：

```
' 换热管阵列
Dim boolstatus As Boolean
Dim swDerivedPattern As Feature
Dim swDefinition As DerivedPatternFeatureData
Dim swModel As ModelDoc2=swAssembly
```

```
swModel.ClearSelection2(True)
boolstatus=swModel.Extension.SelectByID2(HuanReGuanName &"@ "
& AssemblyName,"COMPONENT",0,0,0,False,1,Nothing,0)
boolstatus=swModel.Extension.SelectByID2("换热管阵列@" & QianGuanBanName
& "@" & AssemblyName,"BODYFEATURE",0,0,0,True,2,Nothing,0)
swDerivedPattern=swModel.FeatureManager.InsertDerivedPattern2()

If Not swDerivedPattern Is Nothing Then
    swDefinition=swDerivedPattern.GetDefinition()
    If Not swDefinition Is Nothing Then
        swDefinition.PropagateVisualProperty=False
            boolstatus = swDerivedPattern. ModifyDefinition ( swDefinition,
swModel,Nothing)
    End If
End If
```

(5) 利用 Model.FeatureManager.FeatureLinearPattern5 完成折流板的线性阵列。

```
'换热管阵列
Dim boolstatus As Boolean
Dim swDerivedPattern As Feature
'折流板 1 阵列
Dim swLinearPattern As Feature
Dim Count As Integer
Dim Space As Double
'计算阵列间距和数量
Space=2 * Val(MidSpace.Text)
Count=Math.Ceiling((Val(EffectiveLength.Text) - Val(FirstSpace.Text))/
Space)
swModel.ClearSelection2(True)
boolstatus=swModel.Extension.SelectByID2("Line10主骨架", "EXTSKETCHSEGMENT",
0,0,0,True,2,Nothing,0)
boolstatus=swModel.Extension.SelectByID2(ZheLiuDan1Name & "@" &AssemblyName,
"COMPONENT",0,0,0,True,1,Nothing,0)
swLinearPattern = swModel. FeatureManager. FeatureLinearPattern5 ( Count,
Space / 1000,0,0,True,False,"NULL","NULL",False,False,False,False,False,
False,True,True,False,False,0,0,False,False)
```

```
If Not swLinearPattern Is Nothing Then
    Dim swLocalLinearDefinition As LocalLinearPatternFeatureData
    swLocalLinearDefinition=swLinearPattern.GetDefinition()
    If Not swLocalLinearDefinition Is Nothing Then
        boolstatus = swLinearPattern. ModifyDefinition ( swLocalLinear
Definition,swModel,Nothing)
    End If
End If
```

（6）利用 Model.Extension.SaveAs 将模板另存到项目文件中，利用自定义函数 CreateDrawing 生成工程图并保存，最后利用 swApp.CloseDoc 关闭当前模型。

```
'模型另存为
blnstatue=swModel.Extension.SaveAs(m_frmMain.itemPath & "\芯组.SLDASM",
swSaveAsVersion_e.swSaveAsCurrentVersion,swSaveAsOptions_e.swSaveAsOptions_
Silent,Nothing,errors,warnings)
'生成工程图
PublicSharedData. CreateDrawing ( swModel, SaveAsPath, TemplateName,
PaperSize,TemplateIn)
'关闭模型
PublicSharedData.swApp.CloseDoc(swModel.GetTitle)
```

在芯组参数化设计界面最终效果如图 8-39 所示，芯组模型更新完后如图 8-40 所示。

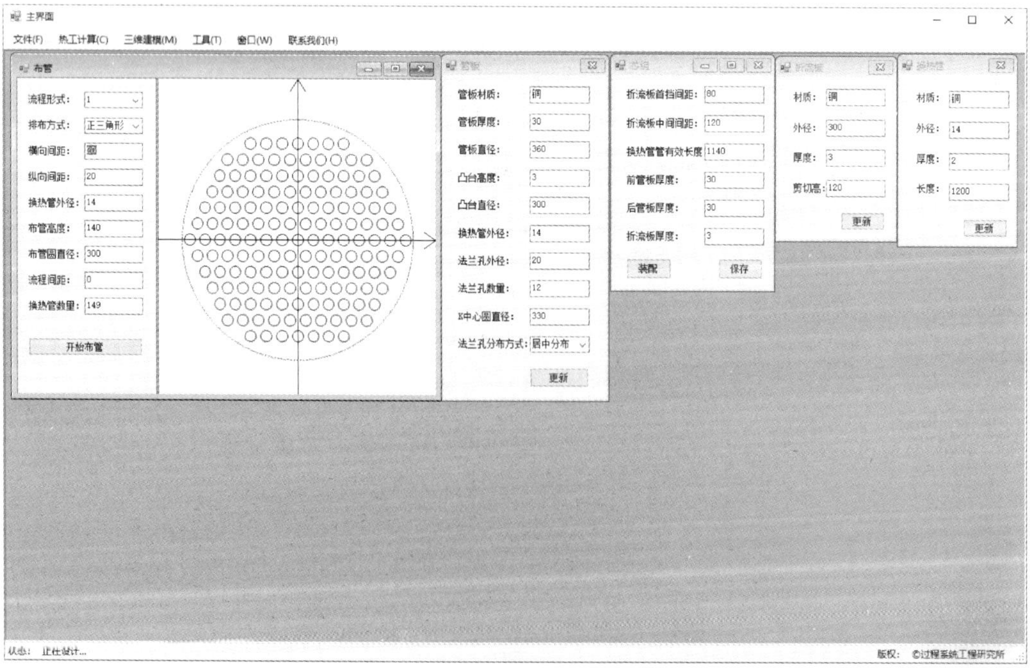

图 8-39　主界面

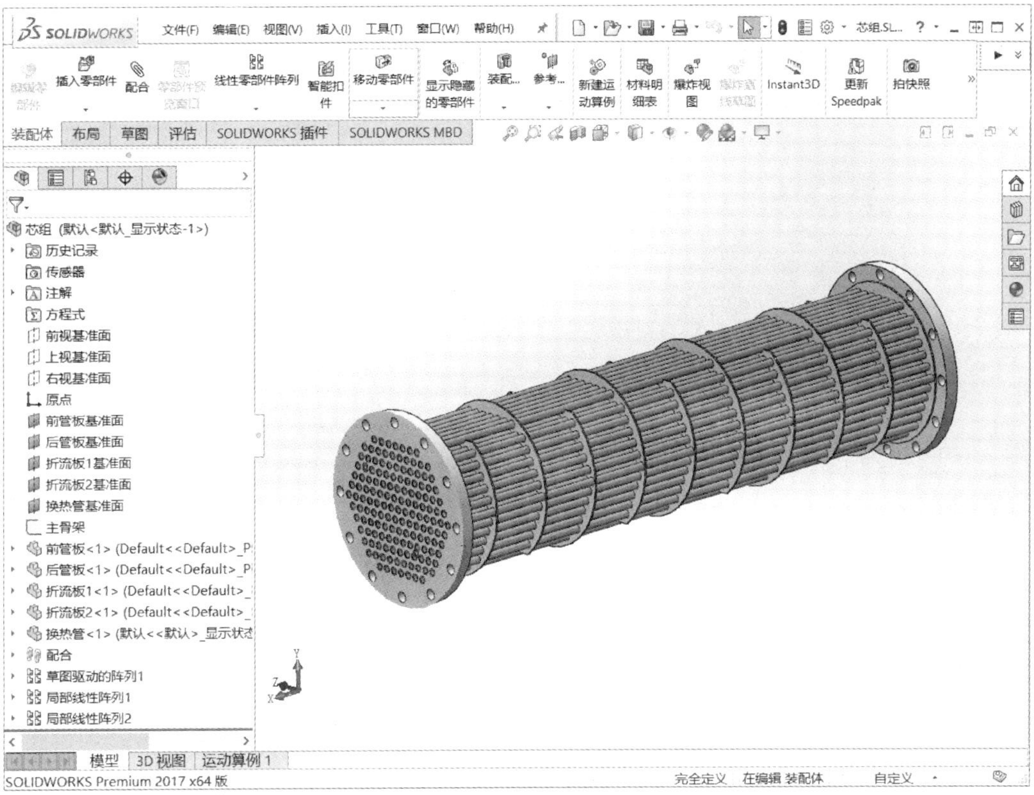

图 8-40　芯组三维模型

8.7　软件打包

在完成软件开发之后，需要交付给用户使用，因此需要将其代码和需要的资源压缩到一个文件中，一般制作成 EXE 形式，用户安装之后就可以直接运行。管壳式换热器参数化设计系统的打包步骤如下：

(1) 重新启动 Visual Studio 2017，打开菜单栏“文件”中的“新建项目”对话框。在“其他项目类型”里面选择“Visual Studio Installer”，再选中“Setup”模板，如图 8-41 所示。

(2) 点击图 8-41 上中的确定按钮之后，出现系统文件设计框，如图 8-42 所示。

在设计框中的最左侧有三个文件夹。

1) “应用程序文件夹”即“Application Folder”：要安装的应用程序需要添加的文件。

2) “用户的”程序“菜单”即“User's Programs Menu”：应用程序安装完，用户的“开始菜单”中的显示的内容，一般在这个文件夹中，需要再创建一个文件用来存放应用程序.exe 和卸载程序.exe。

3) “用户桌面”即“User's Desktop”：应用程序安装完，用户的桌面上的创建的.exe 快捷方式。

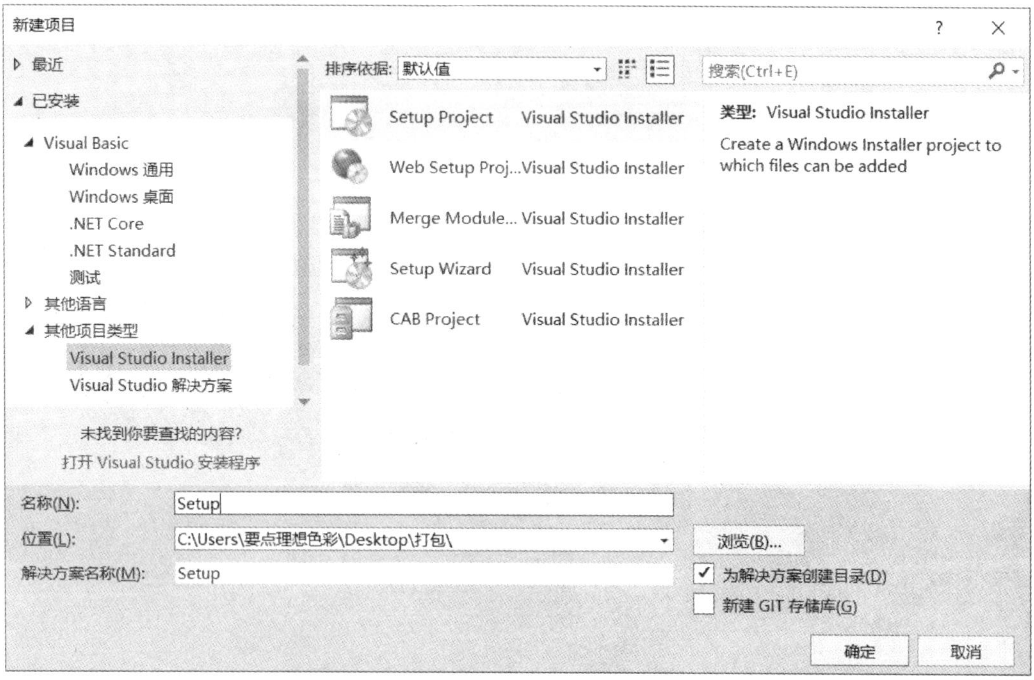

图 8-41　新建“Visual Studio Installer”对话框

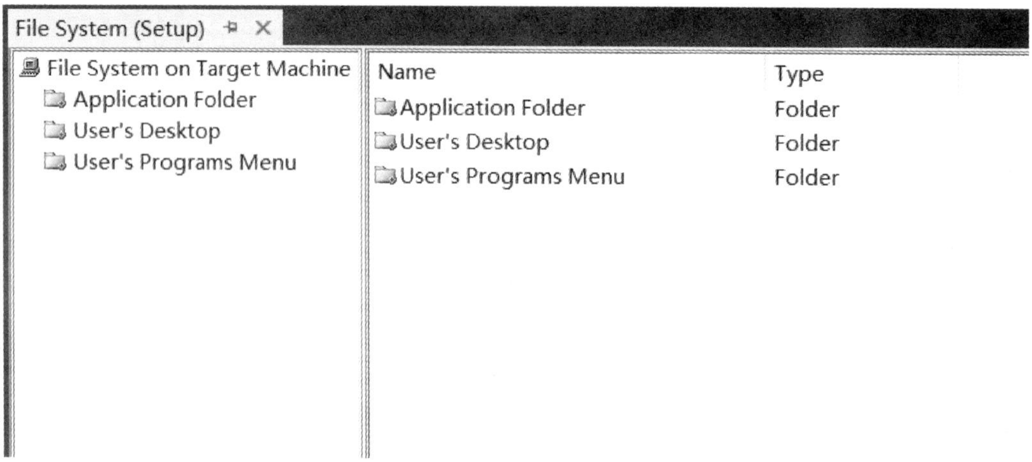

图 8-42　系统文件设计框

(3) 添加主程序“管壳式换热器参数化设计系统.exe”，在选择文件的时候，一般是在项目路径“...\bin\debug\管壳式换热器参数化设计系统.exe”，如图 8-43 所示。

(4) 添加其他资源文件到 Application Folder 文件夹。添加结果如图 8-44 所示。

在上图中，address.xml 是实现“省/市/县”层级关系的 xml 文件，init.xml 是初始化文件。

(5) 添加登录窗体的背景图片到“image”文件夹中，如图 8-45 所示。

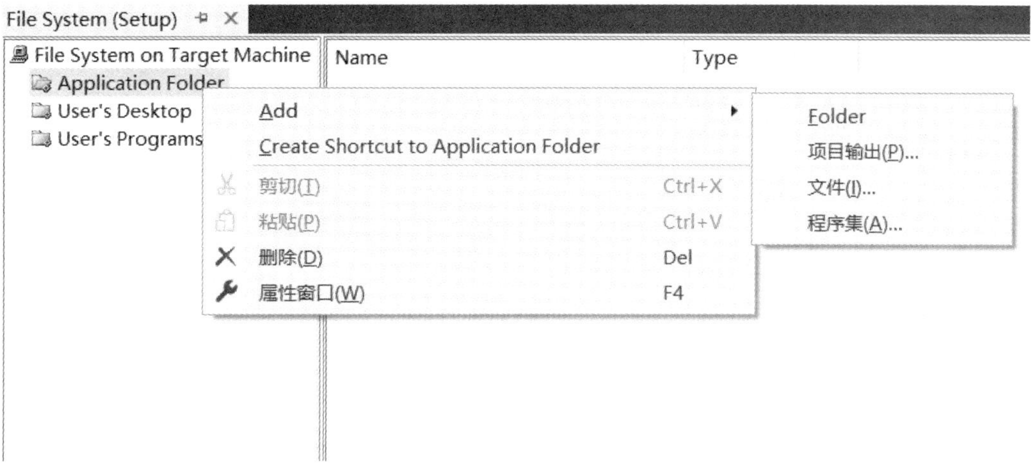

图 8-43　添加“管壳式换热器参数化设计系统.exe”

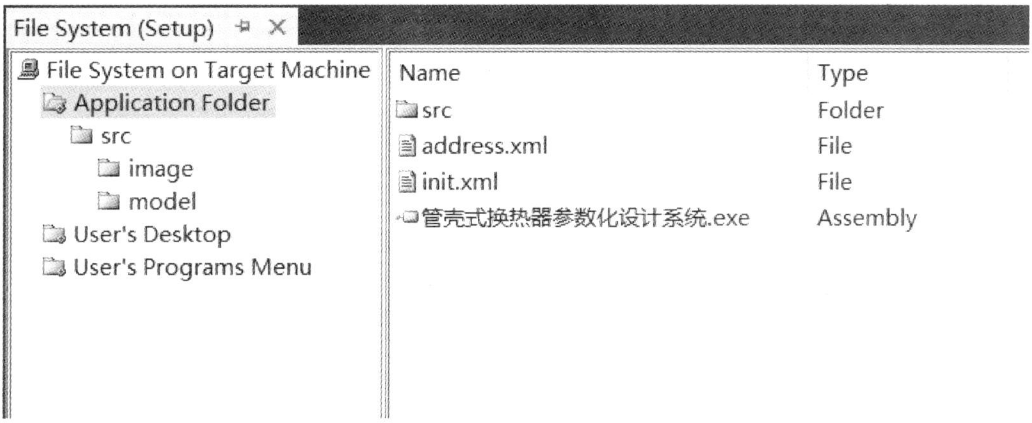

图 8-44　Application Folder 文件夹里的内容

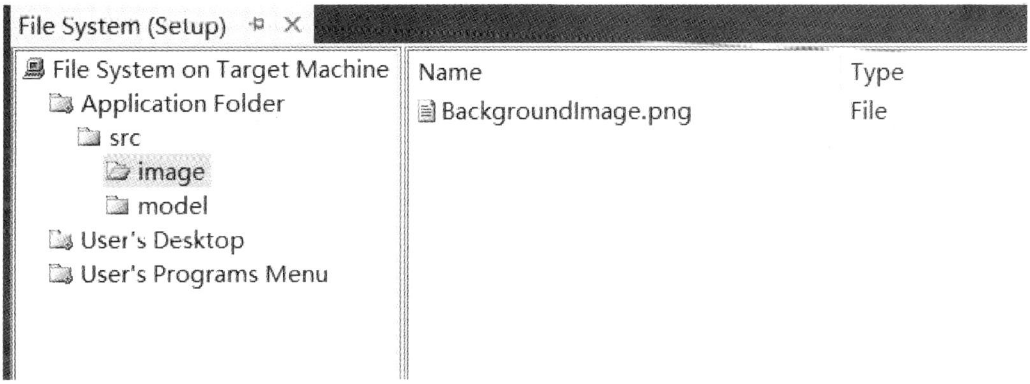

图 8-45　添加背景图片

(6) 添加三维模型文件到 model 文件夹中,如图 8-46 所示。

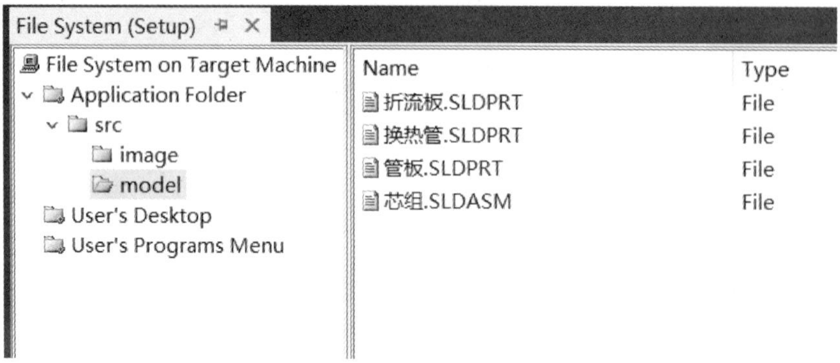

图 8-46　添加模型文件到 model 文件夹中

该文件夹里面的四个文件就是更新模型时候的基础模板。

(7) 创建主程序的快捷方式到用户桌面。在主程序上下文菜单中选择"Create Shortcut to 管壳式换热器参数化设计系统 exe"命令,如图 8-47 所示,然后将快捷方式移动到"User's Desktop"文件夹中,最终结果如图 8-48 所示。

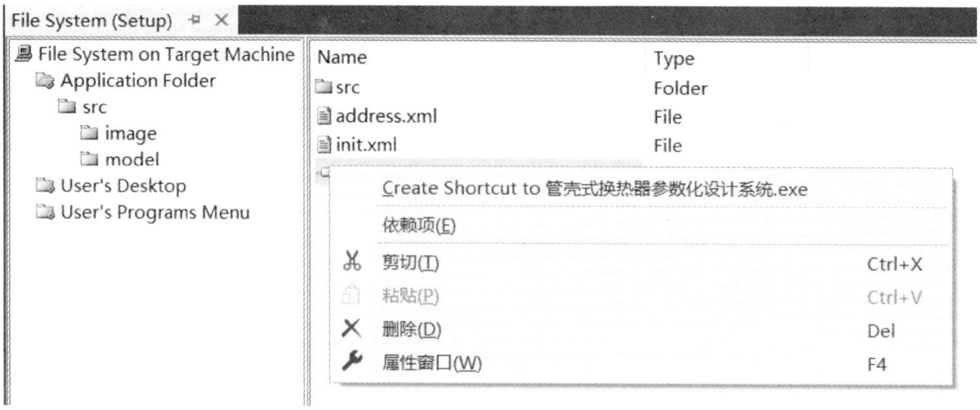

图 8-47　创建快捷方式

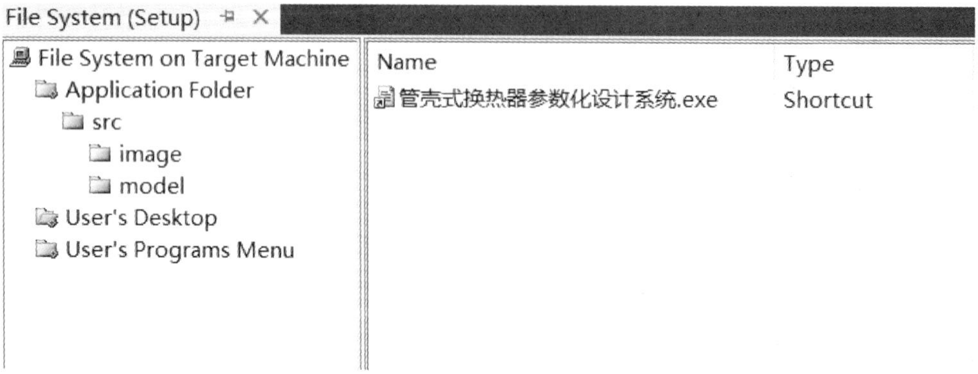

图 8-48　创建桌面快捷方式

(8) 添加卸载程序。既然有安装就有卸载,卸载程序其实是一个 Windows 操作系统自带的程序(C:Windows\System32\Msiexec.exe),只不过是通过给它传递特殊的参数命令,来让它执行卸载。

添加和设置卸载程序的操作如下:

1) 将卸载程序放在"应用程序文件夹"目录下,右键"应用程序文件夹",添加文件,在系统盘下找到 C:Windows\System32\Msiexec.exe 文件添加进去,并修改其名称为"卸载管壳式换热器参数化设计系统.exe",如图 8-49 所示。

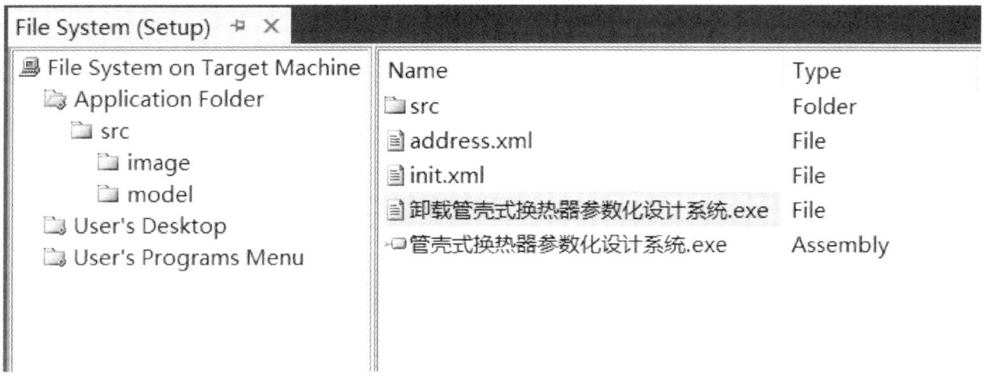

图 8-49 添加卸载程序

2) 获取 ProductCode,选中项目文件"setup",按快捷键 F4,弹出属性对话框,如图 8-50 所示,然后复制其属性 ProductCode 的值。

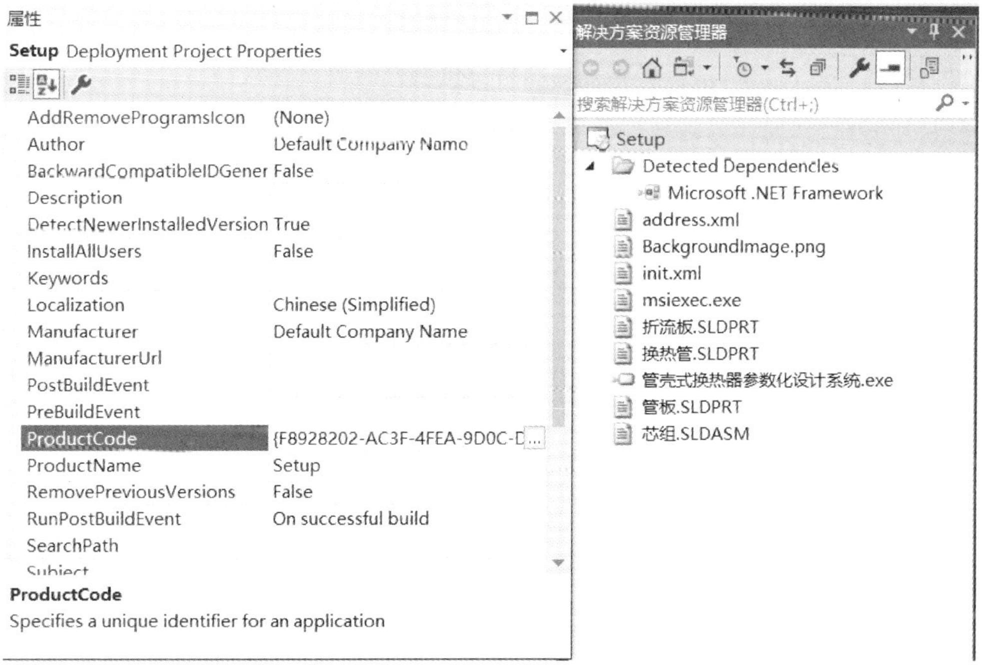

图 8-50 获得 ProductCode

3）在“User's Programs Menu”文件夹中，创建主程序和卸载程序的快捷方式，结果如图 8-51 所示。

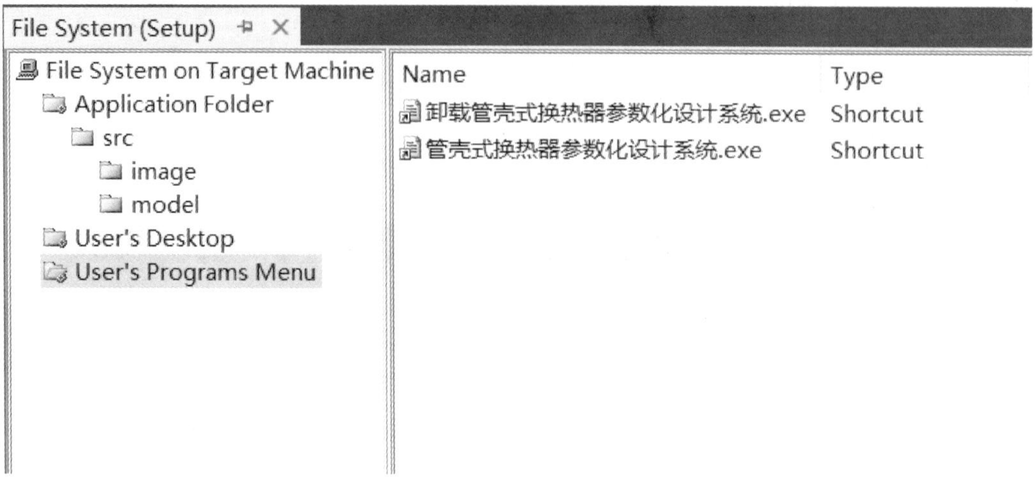

图 8-51　添加快捷方式到“User's Programs Menu”中

4）设置卸载快捷方式的参数。在卸载快捷方式的属性对话框中将 Arguments 的属性值设为“/x {F8928202-AC3F-4FEA-9D0C-D47EC4F9A204}”，如图 8-52 所示。

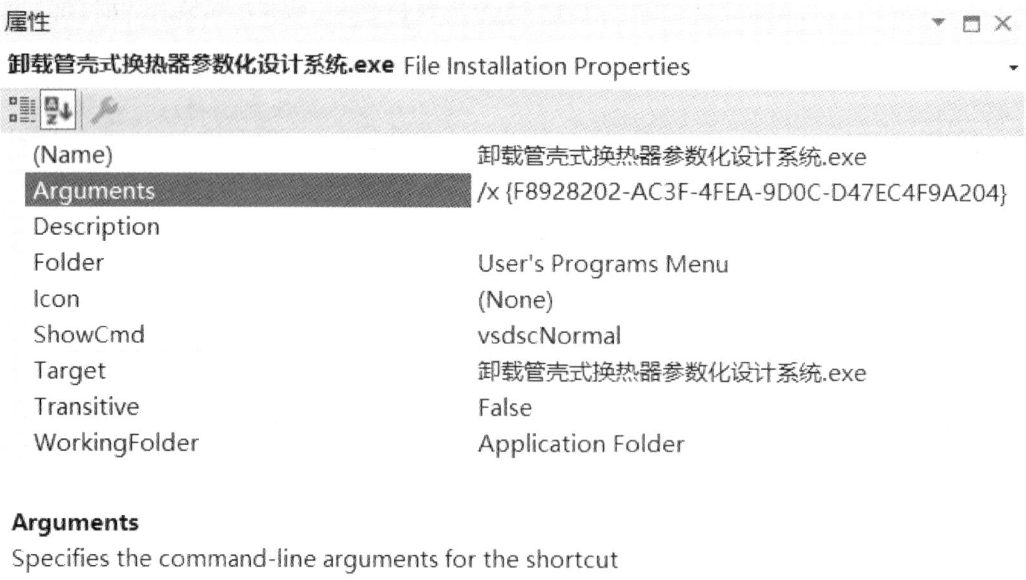

图 8-52　设置 Arguments 属性值

(9) 生成打包安装文件。点击“生成”命令，进行打包，如图 8-53 所示。

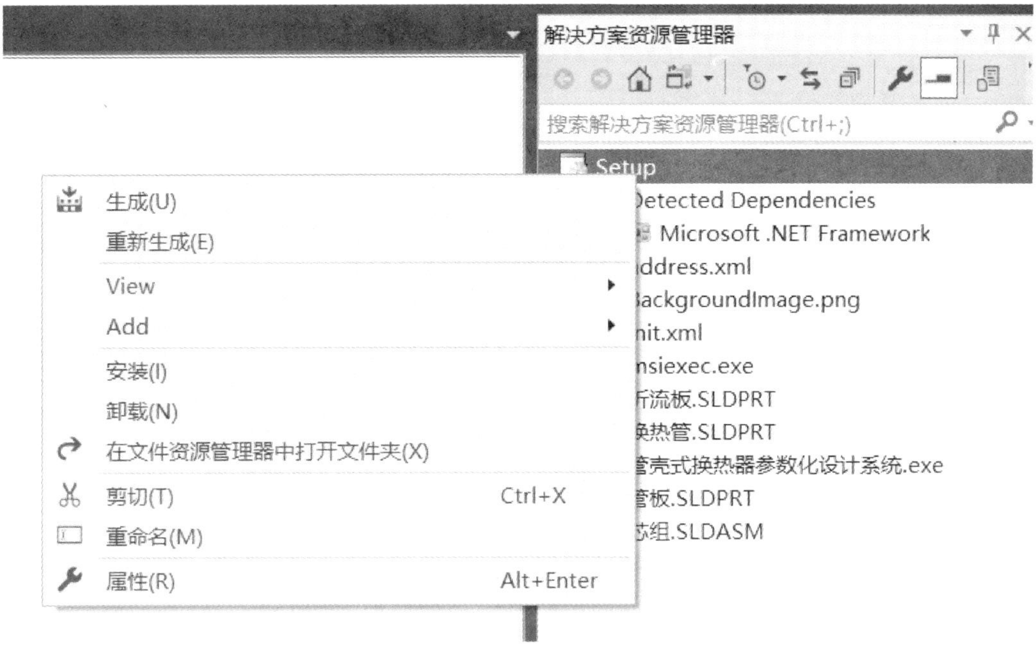

图 8-53　生成打包文件

（10）在“..\debug”文件下面生成了 setup.msi 和 setup.exe 文件，如图 8-54 所示。

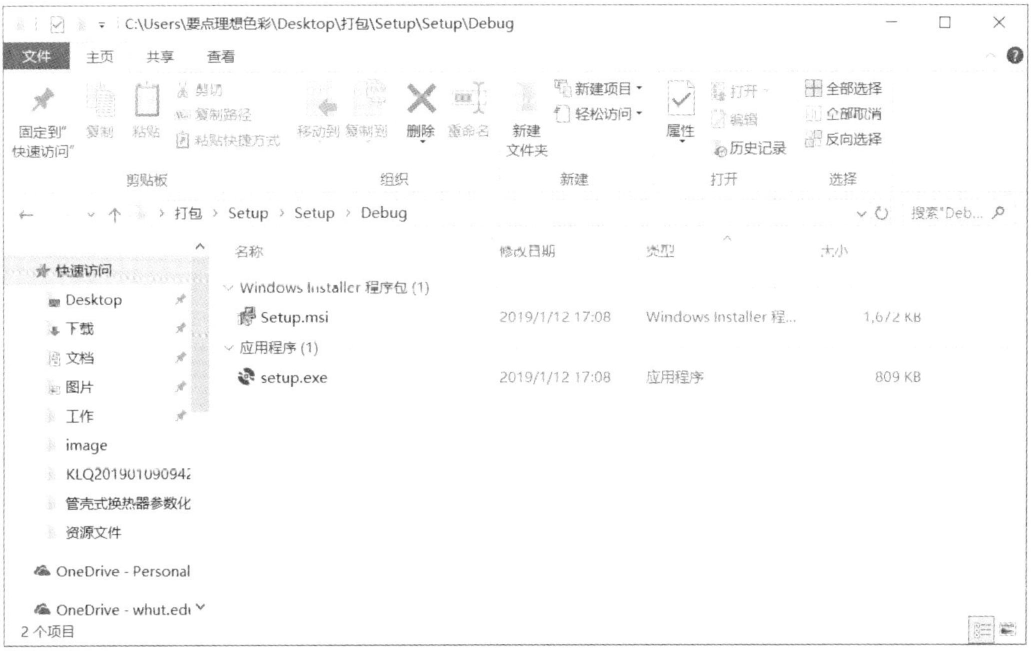

图 8-54　打包结果